项目驱动式网页设计与制作教程

宋翠君　康卫东　主　编

合肥工业大学出版社

随着互联网的迅速发展，以网页为载体进行信息的发布和传播成为当今社会从业人员必备技能之一。网页设计也成为高等院校数字媒体、艺术设计等专业开设的重要课程。本教材编者从事网页设计教学工作多年，亦为多个企业、机构设计制作了网站，在这个过程中，深感在艺术与技术之间找到平衡，培养提高应用实践能力，是该门课程教学的核心问题。而要在有限的课时内完成这个任务，一本合适的教材是非常重要的。

本教材包括网页界面艺术设计和网页后期制作技术两大块内容，为读者构建了完整的知识体系；以实际项目开发进程为教材编写主线，在有限的课时里有效地串联起众多知识点。教材分为四个部分：网站策划、网站界面设计制作、网页动画设计制作、网页后期制作。

1. 本教材特点

（1）多维项目驱动——以实际项目开发进程为教材编写主线；教学范例项目分解到教材的每个章节；独立实践项目亦相应分解到每个章节的课后实践部分。

编者总结了多年来在网页设计课程教学中开展"多维项目驱动教学"的实践成果，并充分运用到本教材的编写中。首先，按照实际项目开发流程来安排教材章节结构。其次，把一个教学范例项目分解成若干子项目，每个章节的课程知识点由子项目来承载，以案例演示的方式来进行讲解。最后，为初学者安排一个网站设计实践项目，同样分解成若干子项目对应安排在每个章节的课后练习中。这种编写方式不仅解决了课时有限而知识点太多的难题，更重要的是初学者在掌握知识点的同时熟悉了实际开发流程，在实际工作中就能很快进入状态，达到市场对网页设计人才实践操作能力的要求。

（2）艺术和技术并重——注重网站界面艺术创意与表现能力的培养；注重网页制作技术的实训。

网站界面艺术设计和网页后期制作技术是网页设计教学里重要的两大内容，二者相互支撑，共同构成了网页设计领域完整的知识体系。本教材基于艺术学科学生的专业背景，对这两个方面都有深入浅出的讲解。

（3）强化课堂实践——教：充分发挥案例教学的优势；学：充分发挥练习法的优势。

在教材具体章节中，始终贯穿两条网站项目线，一条教学案例项目线，一条独立实践项目线。这两条线根据实际项目流程把所有知识点联系起来，同时两条线的项目任务一一呼应，初学者在教学范例的一个个子项目案例引导下，能够运用所学知识一步步地完成自己的网站项目。

2. 本教材体例结构

本教材每一章的基本结构为"章节导读 + 理论知识 + 教学项目 + 实践项目"，旨在帮助读者夯实理论基础，锻炼实践能力，强化巩固所学理论知识和实践技能。

（1）章节导读：由"项目描述与分析""知识重点"和"知识难点"三部分组成。"项目描述与分析"使读者明确此章节项目任务的具体内容，以及在整个项目开发中所属的环节和作用。"知识重点"和"知识难点"便于读者明确学习目标，分清主次以及重点难点。

（2）理论知识：详细讲解完成此项目开发环节所需具备的知识点，帮助读者建立起扎实的理论基础。

（3）教学项目：精选实际项目并分解到每个章节，通过案例教学引导读者提高灵活运用所学知识的能力，并熟悉网页设计项目开发的流程及制作方法。

（4）实践项目：由"习题"和"项目实战"两部分组成。"习题"是针对所学理论知识的检测，"项目实战"则是由独立实践项目分解而来与章节中教学项目对应的项目开发任务，以此巩固所学知识及培养举一反三的实践能力。

3. 配套教学资料

本教材配备了作品图例、实例的素材与源文件以及习题答案等教学资源，读者可到合肥工业大学出版社网站（http://www.hfutpress.com.cn/）免费下载使用。

本教材以培养网页设计应用型人才为目标，艺术和技术并重，为读者构建全面的知识体系；采用"多维项目驱动"编写方法，大大提高课堂实践教学效果。本书为高校数字媒体、艺术设计等艺术学科专业应用型本科适用教材，同时适用于所有专业的网页设计公共选修课程，亦可作为网页制作者理想的参考书。

在此对本书编写过程中所参阅文献、作品的作者们的辛勤劳动表示深深地感谢，感谢书中所有网站的创作者，少量作品找不到网址或署名，在此表示深深的歉意；同时本研究得到了南通大学杏林学院教材建设项目资助，在此深表感谢！

由于时间仓促，疏漏之处在所难免，恳请广大读者批评指正。

编　者

2017 年 6 月

目录
contents

1

项目流程一　网站策划

项目描述与分析

网站策划是网站制作流程的第一步，在这之前，需要先了解网站和网页的基础知识，这样可以为网站策划和设计制作打下良好的基础。

知识重点

1. 理清网站和网页的相关概念。

2. 明确当前主要的网站类别及其特点。

3. 理解网页的媒介元素和构成元素。

4. 了解网站的制作流程，掌握网站项目策划的方法。

知识难点

掌握不同类别网站的设计特点；能够科学合理地完成中小型网站项目策划任务。

第一节　基础知识

一、基本概念

1. 网站的相关概念

网站是指在互联网上，根据一定的规则，使用 HTML 等工具制作的用于展示特定内容的系列网页的集合。简单地说，网站是一种沟通工具，人们可以通过网站来发布自己想要公开的资讯（图 1-1），或者利用网站来提供相关的网络服务（图 1-2）。网站要实现顺利访问，网站域名、网站源程序和网站服务器三者缺一不可。

（1）网站域名

域名（domain name），是由一串用点分隔的名字组成的互联网上某一台计算机或计算机组的名称，用于在数据传输时标识计算机的电子方位。互联网上每一台主机都有一个唯一的固定的 IP 地址，以区别在网络上的成千上万个用户和计算机。由于 IP 地址是数字标识，使用时难以记忆和书写，因此在 IP 地址的基础上又发展出一种字符型标识，这个与网络上的数字型 IP 地址一一对应的字符型地址，就被称为域名。一个公司如果希望在网络上建立自己的主页，就必须取得一个域名。通过该域名地址，人们可以在网络上找到所需的详细资料（图 1-3）。

图1-1 www.sina.com.cn 资讯网站　　图1-2 www.taobao.com 电子商务网站

图1-3 网站域名

域名按级别可分为顶级域名、二级域名和三级域名。

顶级域名也称为一级域名，分为两类：第一类是国家顶级域名（national top-level domainnames），200多个国家和地区都按照ISO 3166国家代码分配了顶级域名，例如中国是CN，美国是US，日本是JP等。二是国际顶级域名（international top-level domain names），例如表示工商企业的 .com，表示网络提供商的 .net，表示非营利组织的 .org 等。

二级域名是指顶级域名之下的域名，在国家顶级域名之下，它是表示注册企业类别的符号。中国的二级类别域名有 6 个：包括用于科研机构的 ac，用于工商金融企业的 com，用于教育机构的 edu，用于政府部门的 gov，用于互联网络信息中心和运行中心的 net，用于非营利组织的 org。在国际顶级域名下，它是指域名注册人的网上名称，例如 Yahoo、Microsoft 等。

三级域名是二级域名的下一级。各级域名之间用实点"."来分隔，最后一个"."的右边部分为顶级域名，顶级域名"."的左边部分称为二级域名，二级域名的左边部分称为三级域名。以此类推，每一级的域名控制它下一级域名的分配，例如"baike.baidu.com"。

（2）网站源程序

网站源程序是一个网站放在网站服务器里面的内容，表现为"网站前台"和"网站后台"。

网站前台是面向网站访问用户的，通俗地说就是给访问网站的人看和使用的页面。

网站后台是用于管理网站前台的一系列操作，如产品、企业信息的增加、更新、删除等。通过网站管理后台，可以有效地管理网站供浏览者查阅的信息。

（3）网站服务器

网站服务器其实就是一台存放网站的电脑，通过 HTTP 协议把网站内容传给客户端（也就是网页浏览器）。服务器可以自建，也可以租用。自建服务器需要购置性能较好的服务器，配置标准的设施环境（如24 小时运作的机房空调系统、不间断电源系统等），也需要安排专业技术人员进行日常维护。随着网络资源服务市场的成熟，现在基本有三种服务器租用方式：整机租用、虚拟主机以及服务器托管。

整机租用是由服务商提供服务器，只能有一个客户或者是网站通过租用的方式使用它，并且由服务商替客户进行管理维护。

虚拟主机是使用特殊的软硬件技术，把一台网站服务器划分为若干个"虚拟"的主机。每个虚拟主机都可以是一个独立的网站，可以具有独立的域名，具有完整的 Internet 服务器功能。

服务器托管是客户自备服务器硬件、软件，并把它放置在专门的服务器托管公司的机房享受托管服务，包括稳定的网络宽带、恒温、防尘、防火、防潮、防静电等。

2. 网页的相关概念

当访问者输入一个网站的网址或者是单击了某个链接，在浏览器里就会看到文字、图片，可能还有动画、音频、视频等内容，而承载这些内容的就是网页。

根据网页的功能不同，网页通常可以分为形象页、首页、栏目页和内容页。

形象页是指一个网站的欢迎页面，页面元素大致有网站名称、标志、形象图片、宣传文字、栏目导航条等。形象页是制定网站整体风格和突出企业形象的重要页面。通过形象页，将客户选定的元素创造性地布局后进行整体化设计，建立亲和、亮丽的视觉效果，达到提高企业形象，宣传企业理念的功效。形象页通常有动画和静态图片两种形式（图 1-4）。

首页是网站栏目分类和功能模块介绍的索引页面。根据分类不同，首页将各栏目介绍合理地分隔开来，注重协调各分类的主次关系，突出网站重点内容。首页设计要求在保障整体感的前提下，根据大多数人的阅读习惯，通过色彩、线条、图片等要素将导航条、各功能区以及内容区进行分隔，以营造易用性与视觉舒适性的人机交互界面为终极目标（图1-5）。

栏目页在设计中兼顾并继承主页的风格基础，着重体现栏目内容的特色。栏目页是整个网站的第二层，但是它的方向要确定好。如果是中小型网站，就该向专栏方面来设计；如果是门户网站，其方向就是一个子网站。专栏类的栏目页结构就是单页面形式，因为能够突出主要内容，还能关联相关页面。专栏类的设计风格一定要统一，而门户类的设计风格在统一的基础上可以有差异（图1-6至图1-8）。

内容页顾名思义，就是展示网站最终内容的页面，也是网站最基层的页面（图1-9）。

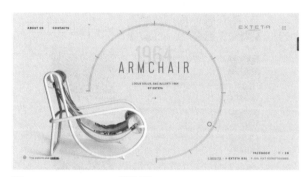

图1-4　locus-solus.it　形象页

图1-5　www.violet.com.cn　首页

图1-6　www.violet.com.cn　专栏类栏目页

图 1-7　play.163.com　门户类栏目页　　　　图 1-8　news.163.com　门户类栏目页

图 1-9　www.163.com　内容页

二、网站的类别

我们在浏览网站时可以看到，不同网站的内容和风格千差万别，它们的信息量、功能性和针对性决定了网站属性的不同。因此，根据网页所包含的内容与提供的服务不同，大致可以把网站分为资讯门户网站、行业门户网站、政府机构网站、企业品牌网站、商务平台网站、娱乐休闲网站、生活服务网站、个人网站等。当然，除这些类别之外，还有更多类型的网站在不断涌现。我们应该与时俱进，以需求导向和技术与艺术相结合的标准来把握网站类别的发展变化。

1. 资讯门户网站

资讯门户网站又可以称为综合门户网站，主要是为广大用户群体提供有关时事新闻、科技发展、文化教育、时尚资讯、娱乐运动等大众生活中广泛涉及的信息资讯服务，具有信息容量大、时效性强、受众群体范围广等特点。国内比较知名的综合门户网站有新浪、搜狐、网易、腾讯、人民网等。

在资讯门户网页的设计中，有序清晰地传播资讯信息是设计的主要目的，简洁大方、秩序明确是设计的风格特点。首先，由于网站的信息量庞大，应形成一个秩序性较强的版面形式，给用户营造一个良好的浏览与阅读流程；其次，应根据信息的重要性和更新率进行版面编排，形成层次分明的信息栏目与浏览序列；最后，整体风格上往往追求简洁大方的风格，以更好地突出内容信息和适应不同访问群体的审美口味（图1-10、图1-11）。

2. 行业门户网站

行业门户网站是以某个行业领域的用户为受众群体，提供行业领域内的各项综合服务的网站，具有针对性强、专业特征明显的特点。这类网站为其特定的行业提供最新的资讯，信息量丰富，内容更新频率较高，例如汽车之家、动漫之家等网站。

行业门户网站的设计重点是突出各行业领域最显著的特征，通过个性独特的网页视觉形象在用户心中形成明确的行业印象（图1-12、图1-13）。

3. 政府机构网站

政府机构网站是包括政府、行政部门、社会团体、协会、宗教等方面的官方站点，是这些组织对外宣传和发布信息的媒介，为人们提供信息咨询、交流和服务的窗口。

政府机构网站要注重各项功能的齐全与完善，其中包括信息服务的及时性和全面性，互动功能的可控性和即时性等。同时应摒弃多余的装饰与表现，塑造简明扼要、秩序井然的页面风格，力求传达政府与机构严肃认真、庄严大气、效率一流的形象风貌（图1-14、图1-15）。

4. 企业品牌网站

企业品牌网站是企业通过互联网这个平台展示其品牌形象、产品及其相关服务的网站，主要面向特定的消费群体，带有明显的商业目的。

在企业品牌网站的设计中，首先网页的风格定位应该符合企业的行业特征，以突出网站官方、权威的特点；其次要注重企业品牌形象和经营理念的传达，网页形象要与企业的视觉识别系统相统一（图1-16、图1-17）。

5. 商务平台网站

商务平台网站是实现网络购物、网上交易和在线支付等各种商务活动、交易活动、营销活动和金融活动的网站，如淘宝、亚马逊、苏宁易购和国美在线等。

图1-10　www.sohu.com　资讯门户网站　　　　图1-11　www.people.com.cn　资讯门户网站

图 1-12　www.autohome.com.cn　行业门户网站　　　图 1-13　www.dmzj.com　行业门户网站

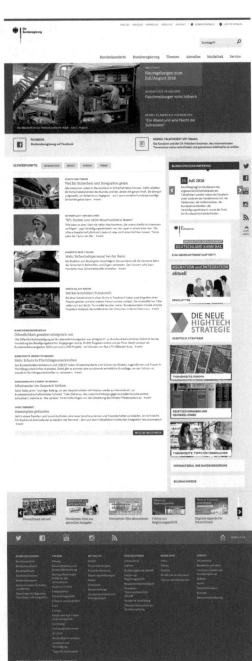

图 1-14　www.zhb.gov.cn　政府机构网站　　　　　　图 1-15　Bundesregierung-Startseite　政府机构网站

图 1-16　www.kappa.com.cn
企业品牌网站

图 1-17　www.coca-cola.com.cn
企业品牌网站

功能强大的站内搜索功能、明确清晰的导航结构策划、编排有序的网页版面构成是商务平台网站页面设计的核心（图1-18、图1-19）。

图1-18　www.amazon.cn　商务平台网站　　　　图1-19　www.suning.com　商务平台网站

6. 娱乐休闲网站

娱乐休闲网站的典型特征就是娱乐性，如影视网站、音乐网站、动漫网站和游戏网站等都属于此类。它们除了给人们提供娱乐游戏和休闲放松的功能外，还是娱乐项目与行业的重要宣传窗口。

此类网站十分关注对气氛的渲染，页面的设计通常会绚烂夺目、动感十足、风格变幻多样，往往结合动画和音效增强感官刺激，或以丰富的节目内容吸引访问者（图1-20、图1-21）。

7. 生活服务网站

生活服务网站也是一种资讯类网站，主要是为某些有特定需要的人群提供相关信息和服务。这类网站以服务性为前提，以发布时效性较强的资讯为主要内容，同时也会带有地域性特征，例如赶集网（图1-22）、58同城、智联招聘（图1-23）等网站。

8. 个人网站

个人网站是指个人或者小型私人团体，为了推介自己以及表达个人观点、展示个人作品或产品等目的而设计制作的具有独立空间域名的网站。

图 1-20 www.tentacletunes.com 音乐网站   图 1-21 www.colibrigames.com 游戏网站

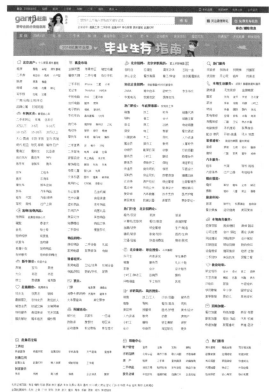

图 1-22 www.ganji.com 生活服务网站   图 1-23 www.zhaopin.com 生活服务网站

图 1-24　www.bio-bak.nl　个人网站

图 1-25　www.risarodil.com　个人网站

个人网站是以个人的信息与观点的传递为核心。因此，个人网站设计制作要注意以下几点：第一，要明确三个设计要点，即明确的方向定位、特定的内容组成与精准的用户聚焦；第二，个性化的网页设计更能突出网站所有者的形象个性；第三，注重网站主题形象的设计，鲜明的主题形象能给访问者留下深刻的印象（图 1-24、图 1-25）。

三、网页的元素

虽然网页的形式和内容各不相同，但组成网页的基本元素都是大体相同的。从承载信息的媒介来看，网页的媒介元素包括文字和图片、超级链接、动画、表单、音频和视频等。从网页的组成部分来看，网页的构成元素包括网站标志、导航栏、内容、脚注四个部分。

1. 网页的媒介元素

传统的报纸、杂志、广播和电视四大媒体，其承载信息的媒介元素都是一种或者两种。网页作为一种新兴的多媒体，不仅包含了所有传统媒介元素，如文字和图片、声音、动画和视频等，还新增了超级链接和表单等媒介元素。

（1）文字和图片

文字和图片是构成网页的最基本元素。文字可以把信息传达得非常准确，同时所占的存储空间极小（1 个汉字只占用 2 字节），但是比较烦琐，并且受到不同语言类别的限制；图片信息含量丰富，视觉印象强烈，不受文化背景的限制，但信息提取的主观性很强，可能会产生误解或不知所云。网页可以只是一些文本（图 1-26），也可以只是一些图片（图 1-27）。但是如果定义了文本的颜色、大小、样式，文字配合图片，制作出的网页就会更精彩，而且可以更加清晰地传达信息（图 1-28）。

（2）超级链接

超级链接简称为链接，通过鼠标点击可以到达目标网页位置，一般情况下把鼠标放在链接上，鼠标就会由箭头转变成一只小手，链接是网页和传统

图 1-26 www.58.com　文字为主的网页

图 1-27 www.huaban.com　图片为主的网页

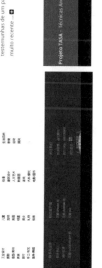

图 1-28 projectotasa.com　文图结合的网页

印刷媒体的一大区别，也是网络的魅力所在。超级链接主要有两种形式，一种是文本链接（图 1-29），另一种是图片链接。（图 1-30）

图 1-29　文字链接

图 1-30　图片链接

（3）动画

动画是网页媒介元素中最为引人注目的元素。动画具有很强的视觉冲击力，在页面中，动画往往是第一视觉中心。因此在传达重要信息时，动画是有效的手段。动画还具有调节页面的重要作用，动画的加入使得网页有动有静，视觉效果更丰富生动。

最常见的网页动画主要有两种，一种是 GIF 动画，另外一种是 FLASH 动画。GIF 动画是最早使用于网络上的一种动画形式，是网页上最常见的一种动画形式。其将多幅图像保存为一个图像文件，各幅图像依次快速显示，从而形成动画效果。因此 GIF 动画仍然是图片文件格式，这种文件体型很小，适用于多种操作系统，在网络上下载速度很快（图 1-31）。FLASH 动画是一种矢量图形动画，具有表现力强、体积小、兼容性好、互动性强、可以加入声音等优点，是目前网络上最流行的一种动画形式。有些网站甚至全部采用了 FLASH 进行制作，即所谓的全 FLASH 网站（图 1-32）。

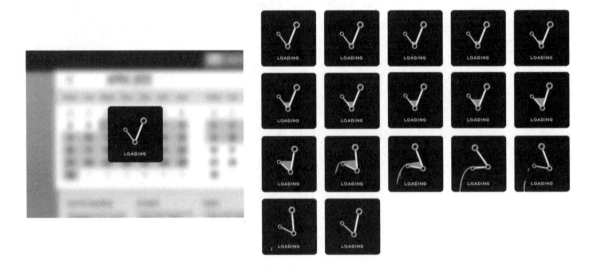

图 1-31　网站 Loading GIF　动画分解图

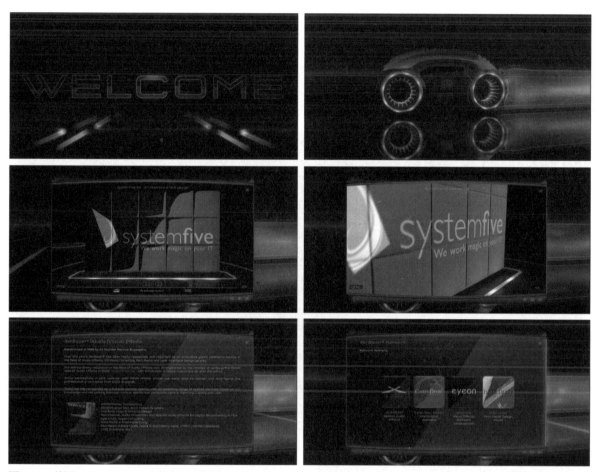

图 1-32 德国 DB-derbauer 公司全 flash 网站

　　（4）表单

　　交互特性是互联网的最大特点，表单是实现交互特性的最常用元素，网页通过表单收集浏览者的信息并实现浏览者与服务器之间的信息交互。互联网上的很多功能都是通过表单来实现的，比如搜索引擎、论坛、电子邮件等。表单可以用来获取用户的注册、登录、联络、支付等信息，它包括文本框、下拉列表、复选框、按钮等控件。大部分的网络应用都要靠表单进行数据录入和配置，所以，一份好的表单设计可以给网站提供很多有价值的信息。只是目前并不是每个浏览者对表单都那么友好和信任，他们可能担心自己的个人信息会泄露或者还没有准备好交易，等等。在这种情况下，设计师需要站在访问者的角度来进行良好的用户体验设计，增强表单的信任感和舒适感（图 1-33 至图 1-36）。

　　（5）音频和视频

　　网页中的音频和视频都是通过在网页中插入音视频插件来实现的，音频在网页中出现的频率比较高。在网上浏览时常可以发现一些网页设置了背景音乐，伴随着轻柔优美的乐曲，网上冲浪成了更加惬意的休闲活动；有些网页还设置了操作提示音，以不同的声响提示用户的操作；另外，以音乐为主要内容的网站还提供了大量的音频下载及在线欣赏等功能。

图 1-33　表单

图 1-34　表单

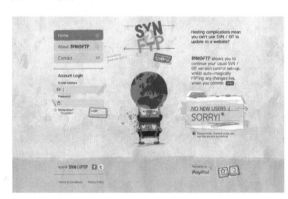

图 1-35　表单

图 1-36　表单

随着互联网宽带技术的进一步发展，视频在网页中出现的频率较过去有了很大的提高，因为视频具有其他媒介元素不具备的特点——信息丰富、传达便捷。以视频为传达媒介的信息形象生动，具有较强的吸引力。目前网页中的视频，多为某种特定信息或产品的深入介绍。

2. 网页的构成元素

一个完整的网页由网站标志、导航栏、内容、脚注四个部分构成（图1-37）。

标志是代表特定事物或机构，具有某种特殊含义或象征意义的符号，是传递信息的视觉语言。网站的标志是互联网上各个网站用来区别于其他网站的图形标志，是网站形象的重要体现。网站标志主要不是为了美观，而是为了实用。用户凭借网站的标志来识别目前所在的是哪个网站，是与其他网站区别的标识。以实体品牌或产品为推广的网站，主要沿用品牌本身的标识作为网站标志，以统一视觉符号、强化品牌自身的价值（图1-38、图1-39）。

导航栏是网站设计中最重要的元素，是网站的"菜单"。导航栏可以说是一个工具，浏览者使用这个工具就能够非常清晰地掌握网站的大体结构，访问网站里的各部分的内容。一个设置合理的导航栏能令访客便利地浏览到目标内容，有效地提升用户的稳定感（图1-40）。

一个网站的成功与否，起到决定性因素的是内容，网站内容为王，网站版面的核心是页面内容。网站的内容是网站访客停留时间长短的决定要素，内容空泛的网站，访客会匆匆离去；只有内容充实丰富的网站，才能吸引访客细细阅读。

脚注是位于一个网站网页的最底下部分，最主要的内容是显示版权信息和附加链接等。脚注的真实性、可信度、发展性以及导航的便捷性对网站的用户体验有着深远影响，如果脚注设计得非常粗糙，多数用户是不会完全信任该网站的。一个精心设计的脚注不仅能使网站产生良好的视觉效果，而且能更好地提升网站的易用性和互动性（图1-41）。

图1-37　网页构成要素图解

图1-38　百度搜索引擎网站标志　　　图1-39　三星电子网站标志

图1-40　中国三星电子网站导航栏

图1-41　国际泳联官网脚注

四、网站制作流程

科学化的网站制作流程是保障网站建设顺利进行的基础。网站建设是一个较为庞大的系统工程，需要各种开发人员的介入，需要设计团队有步骤地、循序渐进地制作，才能完成整个网站的创造。作为网页设计者有必要了解这方面的知识，养成良好的设计观念和团队合作方式。网站制作流程主要包括项目策划、设计开发、测试发布、宣传推广和维护更新五个环节。

1. 项目策划

这一阶段主要包括前期资料的搜集和分析、网站目标和风格的定位、网站的结构规划三方面的工作。

（1）资料的搜集和分析

资料搜集是网站建设的起点，也是很耗时的一步。我们需要深入搜集客户、竞争对手、市场和用户的各种资料，以获得充足的设计数据。一个美观、实用、又有亲和力的网站，首先应该考虑到客户的需求，认真听取他们的要求，再了解客户开发网站的目的是什么；希望在网站上提供什么信息；目标对象的群体特性；访问者在浏览网站时，通常会寻找些什么；同类网站的设计情况如何等。这些工作的充分与否，关系着整个网站设计方向的准确性，是不可逾越的必要步骤。

（2）网站目标和风格的定位

在对前期资料分析的基础上，明确网站的目标和类型。不同的建站目的、不同的网站类型，决定了网站要满足的功能以及网站界面风格的不同，并为接下来的信息组织和交互架构提供一个精准的方向。

根据已确定的网站类型，定位网站界面初步的风格形式、版面结构、色彩基调等方向性的设计，形成一个较为完整的粗略设计和初步的网页印象。

（3）网站的结构规划

在这个环节，要对网站承载的信息进行合理规划，并相应制作出网站的结构图。

第一步，设定信息内容的结构框架。首先，设定网页的信息项目组及大小层次关系，形成网页的基础结构关系。其次，确定各个页面的主题、包含的信息内容以及页面之间的层级结构和隶属关系。最后，还要考虑树形结构之外页面的交叉结构关系。

第二步，组织编排信息内容。首先是要筛选确定在网页建设阶段所必须且相对稳定并能长期使用的骨干信息内容。其次，是将相关内容分门别类，分别归入已设定好的信息框架所对应的项目组中，形成条例清晰、主次分明的信息内容架构。

2. 设计开发

在前期策划案得到认可后，就需要将项目细化为两个部分进行，一个是前台界面设计制作，另一个是后台数据库设计与建设（如果有这种需求的话）。

对于前台设计人员来说，首先要对网站风格有一个整体定位，包括标准字、logo、标准色彩、广告语等，然后根据此定位分别做出首页、二级栏目页及内容页的设计稿。首页设计包括版面、色彩、图像、动画、图标等风格设计，也包括 Banner、菜单、版权等模块设计。一般会设计 1～3 套不同风格的设计稿交由客户讨论及提出修改意见，直到最后确定好效果图。在设计好各个页面的效果图后，就需要制作成 HTML 页面，以供后台程序人员将程序整合。

后台程序开发人员可以先行开发功能模块，然后再整合到 HTML 页面内，这样能使程序具有很好的移植性和亲和力。

3. 测试发布

在网页设计制作完成之后，应该对网页进行全面地测试检查后再将其进行发布。网页的测试发布包括网页技术测试和网页内容测试两部分。网页技术测试，是指对于网页制作中所涉及的各项技术进行检查和测试，确保网页在客户端的显示效果的准确和操控功能的可用。网页内容测试，是指检查核实网页内容是否装载准确、归属到位，是否逻辑清晰，符合网页的信息诉求。经所有测试满意后，网页就可以上传到网络服务器上进行发布了。

4. 宣传推广

宣传推广是网站建设流程中的一个重要环节，它为用户开启了网页访问的途径，同时拓宽了网页信息反馈的渠道，真正实现网页作为交互平台的意义。目前，网页的宣传推广可以通过两种主要途径实现。其一，利用传统媒体的力量进行宣传推广，例如：电视、报刊、户外广告等媒介形式，可以在用户心中形成初步印象。其二，利用互联网的传播力量进行推广，例如：在各类搜索引擎中做推广，提高站点网页在搜索引擎中的搜索率和排位率；在其他的网站上投放广告，通过网页之间的横向交叉联系进行宣传；利用论坛、微博等自媒体平台进行宣传推广。

5. 维护更新

一个富有生命力的网站需要经常更新内容，只有不断地推陈出新才能吸引更多的浏览者。

第二节　教学项目：旅游信息网策划

旅游信息网世博一键通网站建设方案

一、网站建设目标

世博一键通网站的主要服务对象是海内外的旅游者以及本地旅游机构。海内外的旅游者可以通过网站查看到市内"吃住行游购娱"六个要素的旅游信息；查看旅游机构和导游的资质及诚信信息、联系方式、旅游产品。旅游机构可通过网站展示自己的形象，发布本机构的旅游线路、折扣信息、促销信息等。

世博一键通网站的建设目标是：通过世博一键通网站的建设，在世博会期间对市内旅游资源起到重要的宣传作用，增加城市的知名度，进一步开拓省内、国内乃至国外的旅游市场，吸引更多游客到本市来旅游、观光和消费。

二、网站建设原则

1. 信息内容真实、准确

网站的主要服务对象为旅游者，因此网站所提供的信息必须围绕游客的需求而制定，提供的信息及时、丰富、真实、准确，为游客的出游提供方便。

2. 提供的信息具有指南性、描述性

网站提供的信息要从服务游客、方便游客的角度出发，多以指南性、描述性的语言对旅游信息进行收集、整理、汇编。

3. 内容分类明确

内容的分类需明确，使游客可以方便地寻找到自己需要的信息。可以按大部分游客的需求来分类，如按旅游目的地分类、按旅游要素分类、按主题分类、按性质分类等。

4. 信息的动态更新机制

网站所提供的信息必须建立动态更新机制，针对旅游目的地各要素的基础信息和指南类信息，要根据情况变化定期更新，及时做出反应和调整，增强信息的准确度和时效性。

5. 界面设计既创新又实用

根据世博会的特点，按照本市旅游主题进行界面设计，要有创新性设计，但是又能够让网站浏览者觉得网站组织条理清晰，从而增强浏览深度，更好地实现宣传效果。

三、网站语言版本

世博一键通网站为来访者提供中文简体、中文繁体、英文和日文四种语言版本。

四、信息的组织

1. 以游和吃为核心

世博一键通网站以游和吃为核心进行信息组织。信息内容的组织、网站的设计、信息的表现形式等都以游和吃为核心，带动其他旅游资源的展示。

2. 以游客为中心

网站必须遵循以游客为中心的原则建设，信息的提供根据游客的需求制定。把游客放在服务对象的第一位，从原来的"我要给游客提供什么信息"转变为"游客需要什么信息"，所有信息内容都以游客的需求为第一需要。要做到条理清晰、简单易懂，能够让游客快速查找到需要的信息。

3. 信息描述的统一性

在组织信息内容时，涉及旅游专业词汇时，要使用行业内的标准词语，使旅游信息更加规范化，从而提高信息查询的便捷性。

4. 信息的关联性

网站的信息与信息之间、功能与功能之间必须体现关联性。不能把信息做成孤岛信息，要做到信息要素之间的关联。信息内容的关联性主要以横向分类、关键字、纵向引导三种方式体现。

5. 增强互动性

根据游客的需求，要在网站各处提供工作人员、旅游服务人员的联系方式、联系地址等信息，以此快速获得游客需求并进行解决。

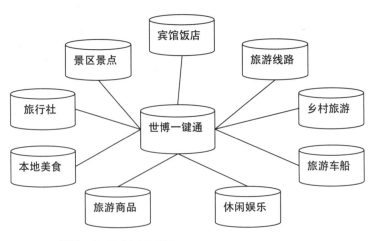

图 1-42　世博一键通网站功能模块

五、网站结构及功能模块

为了全面展示本市旅游资源，世博一键通网站提供如图 1-42 所示的九个功能模块。

其中，以景区景点、美食和宾馆饭店作为模块的重点，以突出游和吃的核心地位。世博一键通网站一共九个一级模块，根据实际情况，将会有目的性地对一些有需要的、重要的模块进行细分二级模块，比如，美食一级模块，可细分为江鲜类美食、海鲜类美食等二级模块。

六、网站访问流程图设计

世博一键通网站具有独特性，在特定时期有其特殊的功能和应用。网站访问的对象，绝大多数都是带有明确的目的性而进入的，那就是快速获取本市相关旅游资源的信息，他们对于其余无关紧要的比如本地新闻信息、本地时事政治没有

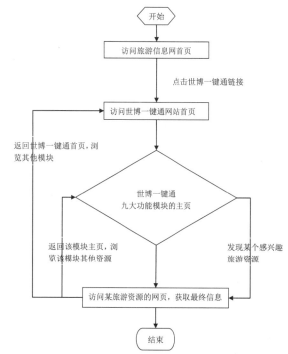

图 1-43　世博一键通访问流程图

太多兴趣，如果网站设计的时候偏离了方向，很容易造成世博一键通变为"世博 N 键都不得通"，那样，网站访问者很可能会失去耐心，从而有可能会使游客对本市旅游资源失去一个了解的机会。

基于此设计原则，以下对网站访问者获取旅游资源进行了最优化的访问流程设计，如图 1-43 所示。由此图可以看出，网站访问者到达最终感兴趣的旅游资源最多只需要 4 个鼠标点击就可以完成。如果在网站设计中，世博一键通提供了其他一些无关紧要的内容，就会造成网站访问者很难清晰地、有条理地到达最终所需资源。

七、世博一键通网站详细设计

根据前期调查分析，结合本市旅游资源实际情况，对整个世博一键通网站的全局设计定位如下：

突出江海主题，因此总体选用蓝色为主色调；

突出世博主题，因此采用活泼轻快、积极向上的设计风格，在相应地设计中，搭配运用多种亮丽色彩以及元素；

突出艺术主题，突破传统网站模板式的做法，尽量多地采用艺术表现手法，让来访者在浏览不同旅游资源的同时获得丰富的视觉体验，对于具体的旅游资源，在艺术表现上进行自由发挥，不局限于世博一键通网站的主色调，主要依据该旅游资源的属性进行设计。

本次项目有以下内容需要设计和制作：

1. 世博一键通网站首页

世博一键通网站首页作为游客访问最终旅游资源的一个门户页面，作用明显。本市旅游资源分为九大功能模块：景区景点、宾馆饭店、旅行社、地方美食、旅游商品、休闲娱乐、旅游车船、旅游无忧线路、乡村旅游。进入世博一键通网站首页以后，应该在网站访问者面前直接明了并且显著地展现这九个功能模

块的链接。在设计的时候, 应尽可能地不让网站访问者滚动屏幕, 就可以直接明了地看见九大功能模块, 这样, 网站访问者可以直接选择自己关注的功能模块。

技术架构: 世博一键通网站首页会运用较多的网站动画特效元素, 以突出重点信息、树立本市旅游形象, 以及活跃页面效果。

视觉元素: 使用色彩亮丽、活泼轻快的视觉元素。

2. 世博一键通某功能模块的主页

当网站访问者进入到某功能模块的主页的时候, 它的需求已经非常明确, 就是希望能够马上看到感兴趣的旅游资源, 满足自己寻找旅游信息的需求。所以该主页目标明确, 就是用最明确、方便、快捷的方式, 对该功能模块下的旅游资源, 进行一个列表式的展示。

有两种列表方式可供选择, 根据国内著名大型购物资源型网站淘宝网的经验, 在集中批量显示资源的时候采用的模式有: 列表式和大图式。这种模式已经得到了绝大多数消费者的认可, 具有良好的展示效果。

技术架构: 利用动画相关技术, 实现在一个较小区域内, 尽可能地展示某个旅游资源更多图片的手法, 这种叫作多图模式。

3. 某旅游资源的独立网站

某旅游资源的独立网站设计目标: 抛弃传统网站千篇一律、非常呆板的模板方式, 针对不同的旅游资源, 根据它们的类型、风格、定位等因素, 进行独特的艺术化设计。满足网站访问者的好奇心, 增强网站的访问率。

技术架构: 根据具体情况, 以及某旅游资源提供的素材, 使用相应地手段进行制作。其可能是一个小型网站, 也可能是一个网页。根据提供的素材, 可以展示文字、图片、动画、视频、电子地图等元素的内容。

第三节　实践项目

一. 习题

1. 填空题

（1）网站要实现顺利访问, ＿＿＿＿＿＿＿＿＿＿＿＿、＿＿＿＿＿＿＿＿＿＿＿＿和＿＿＿＿＿＿＿＿＿＿＿＿三者缺一不可。

（2）根据网页的功能不同, 网页通常可以分为＿＿＿＿＿＿＿＿＿、＿＿＿＿＿＿＿＿＿＿、栏目页和＿＿＿＿＿＿＿＿＿＿＿＿。

（3）从承载信息的媒介来看, 网页的媒介元素包括＿＿＿＿＿＿＿＿＿、＿＿＿＿＿＿＿＿＿、＿＿＿＿＿＿＿＿＿、＿＿＿＿＿＿＿＿＿、＿＿＿＿＿＿＿＿＿和＿＿＿＿＿＿＿＿＿＿＿＿等。从网页的组成部分来看, 网页的构成元素包括＿＿＿＿＿＿＿＿＿＿、＿＿＿＿＿＿＿＿＿＿、＿＿＿＿＿＿＿＿＿、＿＿＿＿＿＿＿＿＿四个部分。

（4）网站制作流程主要包括＿＿＿＿＿＿＿＿＿＿、＿＿＿＿＿＿＿＿＿＿、＿＿＿＿＿＿＿＿＿＿和＿＿＿＿＿＿＿＿＿五个环节。

2. 上机题

浏览一些常用的网站，分析网站的类型及特点，认识网页的媒介元素和构成元素。

二. 项目实战

1. 实战项目要求

自选一个艺术或文化类主题的网站进行网站策划并提交项目策划书。策划书内容包括前期分析、导航规划和内容整理三大部分。前期分析部分需对网站主题、建站目的、用户群体进行深入分析，并总结出网站建设的指导性原则。导航规划部分以树形结构图的方式对网站的全局导航进行设计。内容整理部分是根据导航栏目进行网站内容整理，要注意内容的系统性、全面性和简练性。

2. 学生作品案例（图 1-44、图 1-45）

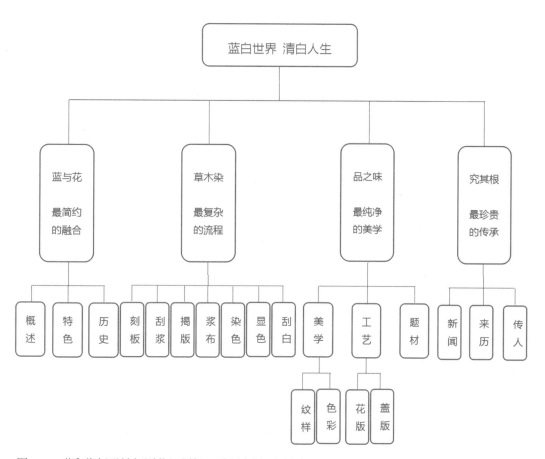

图 1-44　蓝印花布网站树形结构 / 卞愉涵 / 指导老师　宋翠君

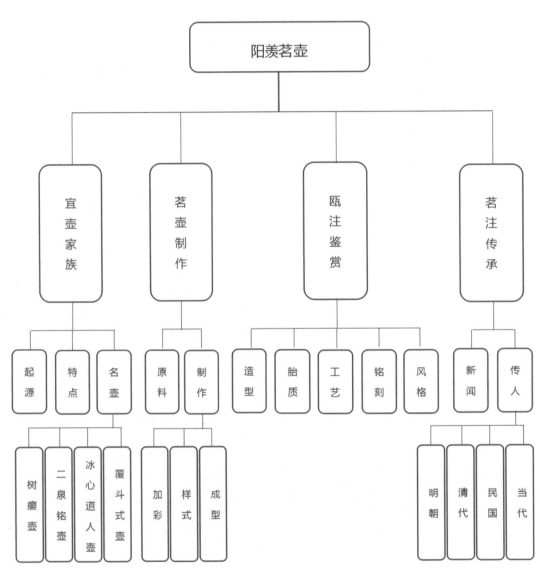

图 1-45　阳羡茗壶网站树形结构 / 周怡 / 指导老师　宋翠君

项目流程二 网站界面设计与制作

项目描述与分析

网站界面设计是根据网站策划书的规划，将网站的信息和交互内容通过一系列视听元素组织起来并有序呈现。这个环节的成果是网站首页及主要栏目页面的效果图，通常我们使用 Photoshop 软件来设计制作。

知识重点

1. 从形象识别、尺寸规格、版式布局、色彩运用和元素设计五个方面掌握网站界面视觉要素特性及其设计方法。

2. 把握当前网页设计风格趋势。

知识难点

掌握网站界面设计中视觉要素的设计原则、流程、方法和技巧，能够将这些知识熟练地应用到网站界面设计中。

第一节 网站界面设计

今天，几乎所有的行业和机构都互联网化了，最简单、最直接的方式就是构建一个网站发布信息进行推广，网站成了机构、产品、个人形象的重要组成部分。对互联网企业而言，网站界面是否设计合理、是否具有视觉感染力，直接关系到企业的成败。网站的界面决定了互联网上企业的形象和人们对它的整体认知，其重要性不亚于传统的企业形象识别系统以及传统媒介的广告推广。网站界面设计，是网页设计师依托计算机技术与视觉传达设计理论针对网站界面所实施的一系列设计过程。这个过程包括形象识别、尺寸规格、版式布局、色彩运用和元素设计这五个方面，五个方面的设计共同作用，营造出风格独特的网站界面。

一、形象识别

网站，作为企业与商家形象塑造与信息传播的门户，必须拥有一套独特而明确的网页形象识别系统，这是区别于同类竞争对手、塑造品牌内涵的关键。在网站界面设计中，网页形象识别系统是以标志为核心，由主题图形、标准文字与色彩体系共同组成的系统。网站的界面设计须以此为核心，遵循统一与变化的基本原则。一方面，网页形象识别系统是具有主导与统一各视觉设计要素的决定性力量，也是用户心目中品牌与企业的统一物。另一方面，根据网页的功能特点与设计特点，在保持统一的形象识别系统的基础上，更重要的是利用视觉元素组合变化的创新力量，设计出功能与艺术、实用与审美结合的网站界面。

1. 标志统一

　　网站是由多个页面组合的，除了单个页面的形象识别外，同一网站的网页整体形象识别也至关重要，这是网页间有机联系、承上启下的重要桥梁。网站标志是互联网上各个网站用来区别于其他网站的图形标志，是塑造网页整体形象的核心元素。为了统一网站的形象，最基本的做法是统一各级页面的标志，在各级页面的同一显眼位置都放置标志。在网页布局中，通常把网站标志放置于左上角的页眉处，这样看起来既醒目大方，又不会影响其他网页信息的排布（图2-1、图2-2）。

图2-1　www.cuttherope.net　标志统一

图2-2　www.myownbike.de　标志统一

2. 色彩统一

　　由于色彩具备事物与情感的象征性、视觉与心理的暗示性等属性，所以在网页整体形象塑造中的重要性不言而喻。企业形象识别系统中的标准色与辅助色是网页设计的最佳色彩选择，能够在最大程度上统一网站内的各页面，形成完整明确的网页色彩识别；同时，统一的色彩体系还会赋予网页独特而鲜明的个性特征（图2-3、图2-4）。

图 2-3 www.kfc.com.cn　色彩统一　　　　　　图 2-4 pioneerafrica.net　色彩统一

3. 版式统一

　　除了色彩统一外，版式统一也是统一网页形象识别的有效设计手段。在网页设计界面中，常见的一种形式是欢迎页、首页的版式不同，其余页面版式统一（图 2-5、图 2-6）。

4. 元素统一

　　在网页设计中，如果因为主题与需求的差异而导致网页在色彩、版式方面无法统一，可运用风格与形式相同或相似的设计元素进行统一与呼应，营造和谐而系列感强的网站界面。这里说的设计元素包括图形、符号、文字及相关装饰元素。需要注意的是，这些设计元素必须能典型地表现网页主题（图 2-7、图 2-8）。

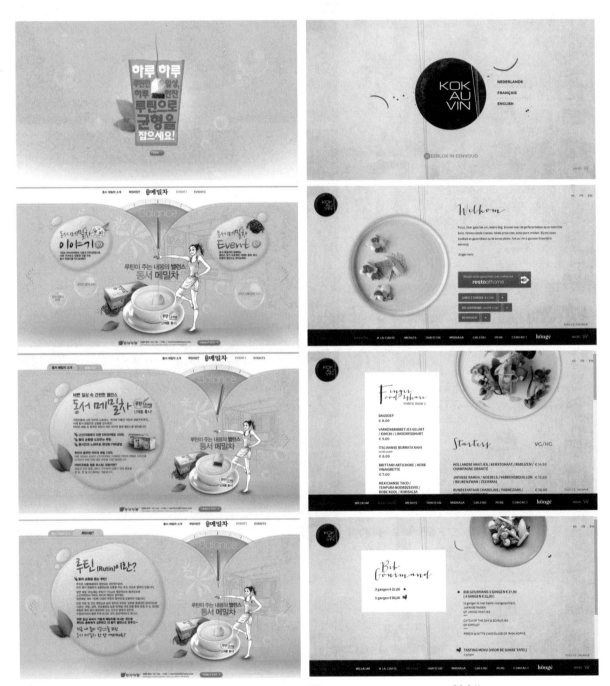

图 2-5　memilcha.co.kr　版式统一　　　　　　图 2-6　www.kok-au-vin.be　版式统一

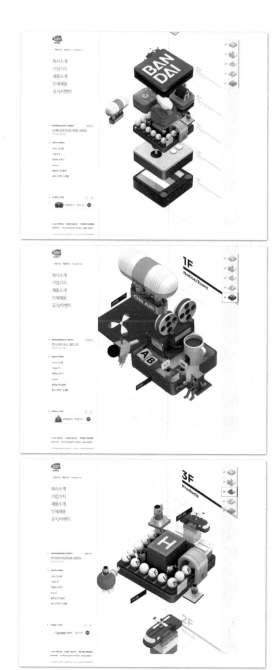

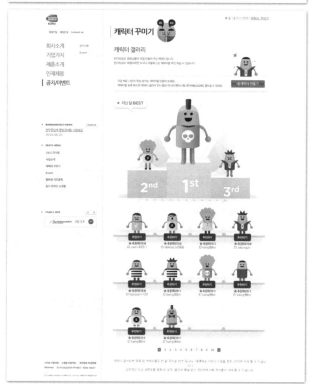

图 2-7　www.bandai.co.kr　元素统一

图 2-8　www.maztri.com　元素统一

二、尺寸规格

网站的载体是浏览器，最大化的浏览器窗口是随着用户的屏幕分辨率的大小而变化的。在浏览不同的网站时，我们会发现，有些网站的页面尺寸和布局是固定的，不会随着浏览器的尺寸变化，但有些网站会随着浏览器的尺寸发生变化。究竟我们所设计的网站采用哪种方式，这是在网页设计之初就应该确定下来的问题。

1. 固定尺寸

所有网页的显示都被限制在浏览器的显示框中，这个显示框被称为"屏"。当网页以"屏"为单位时，对于欢迎页和内容较少的页面，我们通常将其尺寸设置为 1 屏，而对于内容较多的页面，则根据内容的需要确定其尺寸。对于超过 1 屏的网页，浏览器会自动给出垂直和横向滚动条以帮助用户浏览。为了便于用户的使用，我们往往只在一个方向上（垂直或者横向）保留滚动条，如果一个网页既有垂直滚动条又有横向滚动条，用户浏览时会手忙脚乱非常不便。也就是说，对于内容较多的页面，我们应该把页面宽度或者页面高度设置为 1 屏所限定的尺寸。另外，如果页面太长或太宽，超过了 3 屏，则需要在网页中添加锚点链接，以便于用户有效浏览网页（图 2-9、图 2-10）。

当我们以"像素"为单位来设定页面的具体尺寸时，我们需要考虑到两个尺寸的影响，一是当前主流显示器的屏幕分辨率，二是主流浏览器的边缘大小。当前电脑主流屏幕分辨率有 1024 像素 ×768 像素、1280 像素 ×800 像素等，IE 浏览器边缘宽度是 21 像素，FireFox 是 19 像素等。如果我们要设计高度多屏的网页，网页宽度设置为 1024 像素减去 21 像素即 1003 像素以内，那么就能在当前主流屏幕分辨率及主流浏览器环境下获得页面的完整显示。固定宽度的网页很容易设计和维护，因为它的生成状态基本上与设计的原稿无异。为了使固定宽度的网页在更大屏幕分辨率环境中也能很好地适应浏览器窗口，我们可以给网站设置背景色或背景图片，这样能够使网页在各种浏览环境下都具有协调、优美的视觉效果（图 2-11、图 2-12）。

2. 响应式设计

随着移动技术的普及，越来越多的人通过不同的屏幕来浏览网页。想要网站兼容手机、平板电脑、笔记本电脑和台式机，就得为不同的终端定制不同的版本。另外，人们有时候并不是在全屏的情况下浏览网站，如何让页面随着浏览器宽度改变而进行相应的调整？响应式设计的理念是页面的设计与开发应当根据设备环境（屏幕尺寸、屏幕定向、系统平台等）以及用户行为（改变窗口大小等）进行相应的响应和调整。具体的实践方式由多方面组成，包括弹性网格和布局、图片、CSS media query 的使用等。无论用户正在使用 PC、平板电脑，或者手机，无论是全屏显示还是非全屏的情况，无论屏幕是横向还是竖向，页面都能够自动切换分辨率、图片尺寸及相关脚本功能等，以适应不同的设备环境（图 2-13、图 2-14）。

响应式设计有以下优点：

（1）面对不同分辨率设备灵活性强。

（2）能够快捷解决多设备显示适应问题。

同时，响应式设计具有如下缺点：

（1）网站设计需兼容各种设备，工作量大。

（2）代码累赘，会出现隐藏无用的元素，加载时间加长。

（3）是一种折中性质的设计解决方案，可能受多方面因素影响而达不到最佳效果。

（4）在一定程度上改变了网站原有的布局结构，会出现用户混淆的情况。

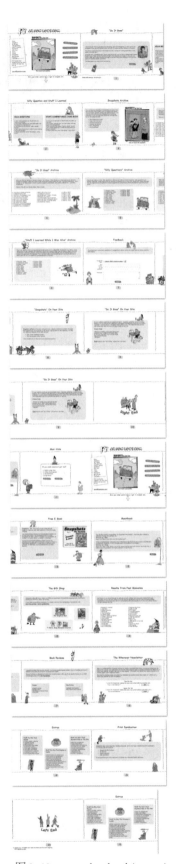

图 2-9　www.witcreative.info
高度超过 3 屏的网页

图 2-10　www.handmadeinteractive.com..jasonlove
宽度超过 3 屏的网页

图 2-11　candccoffee.com　设置背景

宽度为1247像素显示效果

宽度为635像素显示效果

宽度为432像素显示效果

图 2-13　www.fork-cms.com　响应式网页

图 2-12   www.octonauts.com   设置背景

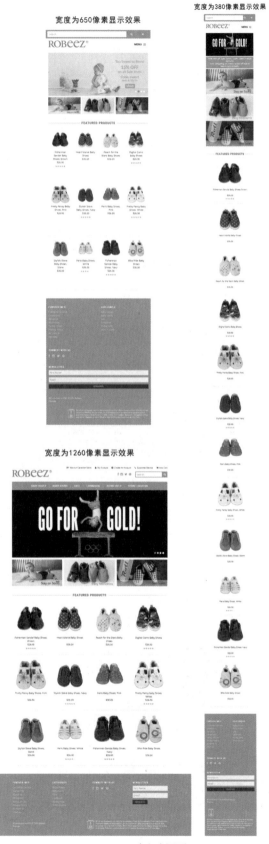

图 2-14   www.myrobeez.com   响应式网页

三、版式布局

网页作为一种版面，有文字、图片、动画、视频等众多内容。如果只是将这些内容简单地罗列在一个页面上，往往会使页面显得杂乱无章。因此，必须根据内容需要，把它们按照视觉流程与形式美法则进行合理布局和编排，使其组成一个有机的整体。版式布局在网站界面设计中的作用包括实用功能和审美功能。首先，版面布局设计能让页面信息在页面中合理、有序地排布，信息呈现主次分明、重点突出，导航信息清晰、明朗，用户浏览便利。因此，优良的版式布局能够提高信息的传达效率、增强用户对信息的可读性和接受度。其次，网站界面的各视觉要素在版式的整体规划下形成一个有机的整体，增强了界面的形式美感。同时，不同的版式布局具备不同的性格特征，能够有效塑造网页的独特个性。

网页的版式布局可以分为满版型、网格型、曲线型和特异外形四种基本类型。

满版型是指图像充满整个网页版面，其他设计元素如标志、文字等信息以简洁的形式压置于图像之上，信息与背景画面融为一体，没有清晰的界限之分。这种版式从形式上看图片是作为界面背景存在，但实为界面的主要诉求点，用于烘托氛围、突出网站主题形象、强化网站个性特征，因此，特别适宜于追求个性表现的小型网站，以及用来强化品牌形象的片头动画版面、欢迎页、首页（图2-15至图2-17）。

图2-15　www.loadedsmoothies.co.za　满版型动画

图2-16　www.scchinahall.com　满版型欢迎页

图2-17　www.fresher.com.tr　满版型首页

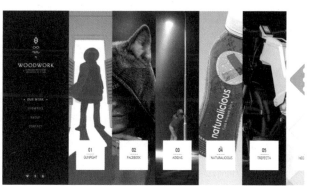

图2-18　woodwork.nl　竖向多栏

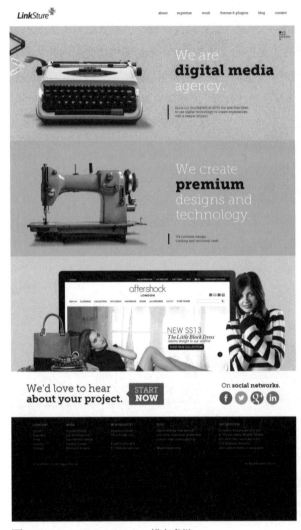

图 2-19　www.linksture.com　横向多栏

图 2-20　www.wto.org　横竖结合网格型

图 2-21　www.sanghacheese.co.kr　曲线型

　　网格型布局又称为栅格布局，以规则的网格矩阵来指导和规范页面信息分布，是借鉴了平面设计中的栅格化设计。对网站界面而言，网格型布局不仅让页面的信息更具有秩序感和可用性，而且对于前端、后台的开发衔接更为便捷。由水平和垂直方向的参考线彼此交叉，划分出规则网格以安排不同的内容，常见的有竖向通栏、双栏、三栏和多栏，横向的通栏、双栏、三栏和多栏。这种布局方式最大限度地运用了版面空间，因此尤其适于信息量大、更新快的站点，如门户类、资讯类站点（图 2-18 至图 2-20）。

　　曲线型是指图片、文字在页面上作曲线的分割或编排构成，产生富有韵律与节奏的感觉。与网格型的直线分割不同，曲线型版面各信息区域的外形是由线条、色块、图片等组成的曲线，因此具有灵巧多变之姿、动感柔软之态，能形成更为轻松活泼的版式风格（图 2-21 至图 2-23）。

　　特异外形的版面不受浏览器矩形框的局限，独创别致有趣的页面外形，或形成特别的视觉效果，或以凝练的产品造型强化网站主题（图 2-24 至图 2-25）。

图 2-22　www.khapt.co.kr　曲线型

图 2-23　www.mediaengine.com.au　曲线型

图 2-24　www.boputoy.com　特异外形

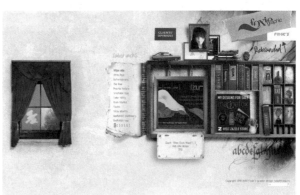

图 2-25　www.foxie.ru　特异外形

四、色彩运用

　　心理学研究表明，人的视觉器官在观察物体时，在最初的几秒内色彩感觉占 80%，而形体感觉只占 20%；两分钟后色彩占 60%、形体占 40%，五分钟后色彩形体各占一半，并维持这种状态。在网页的各视觉元素中，表现作用最直接、最快速、最明显的就是色彩。我们打开一个网站，首先给我们留下深刻印象的不是网站的布局，也不是网站的内容或功能，而是网站的色彩体系。色彩既是网站界面设计的语言，又是视觉信息传达的手段和方式，是网站界面设计中不可或缺的重要元素。

图 2-27　www.swimmingwithbabies.com　突出游泳主题

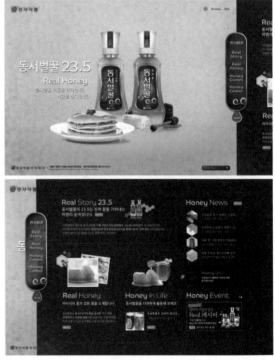

图 2-26　carolinawildjuice.com　突出葡萄汁产品主题　　　　图 2-28　www.dongsuhhoney.co.kr　突出蜂蜜产品主题

1. 色彩的作用

色彩在网站界面设计中的作用，主要有如下三种：

（1）突出主题

在网页设计中，我们可以利用色彩所具有的象征性和感情色彩，使网页的内容与形式有机地结合起来，以色彩的内在力量来烘托主题、突出主题。例如嫩绿色、翠绿色、金黄色、灰褐色就可以分别象征着春、夏、秋、冬。还有军警的橄榄绿、医疗卫生的白色等，这些职业的标准色能明确地反映出主题信息（图2-26至图2-28）。

（2）划分信息区域

网页的首要功能是传递信息，而色彩正是创造有序的视觉信息流程的重要元素。在网页设计中，可以通过不同的色彩进行网页视觉区域划分以及网页信息的分类布局，并利用不同色彩带给人的不同心理效应，对信息进行主次顺序的区分、视觉流程的规整，从而使网页具有良好的易读性和较好的导向性（图2-29至图2-31）。

（3）增强页面艺术性

色彩既是视觉信息传达的方式，又是艺术设计的语言。从美学的角度去探讨色彩设计的表现形式，可以大大增强网页的艺术性。我们可以利用色彩的力量，不断设计出各式各样赏心悦目的网页，或含蓄优雅，或动感强烈，或时尚甜美，或自然清新。网页色彩给浏览者带来丰富的审美体验的同时，也提高了网站的用户粘性（图2-32至图2-34）。

2. 色彩的表情

无论是有彩色还是无彩色，都有自己的表情特征。当人们看到不同的颜色时，心理会受到不同颜色的影响而发生变化。这是由于人们长期生活在一个色彩的世界里，积累了许多视觉经验，一旦视觉经验与外来色彩刺激发生一定的呼应，就会在人的心理上印出某种情绪。值得注意的是，色彩带给人的心理感受是会随时间、地点和环境等诸多因素而改变的，下面总结的是比较有代表性的色彩表情，在实际运用中，还是需要根据网站用户群体的文化背景来慎重选择。

红色：红色的色感温暖，性格刚烈而外向，是一种对人刺激性很强的色彩。红色容易引起人的注意，蕴含着无

图2-29　www.pointeremkt.com　划分信息区域

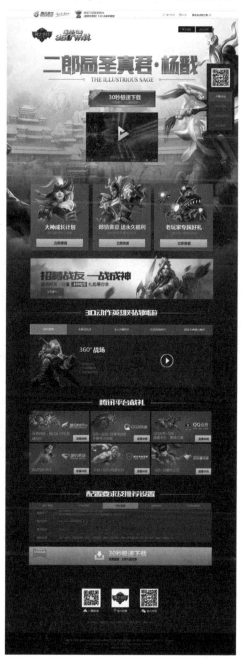

图2-30　www.sm.qq.com　划分信息区域

图 2-31　kinetic.com.sg　划分信息区域

限的能量，它热情、奔放、活跃，常被用于传达活力、积极、热情、温暖等含义的企业精神。同时，红色还是喜庆的色彩，是一种雄壮的精神体现（图2-35、图2-36）。

橙色：橙色能促进食欲，因此在食品主题的网站中常看到橙色；橙色能代表轻快、时尚、富足、辉煌，橙色调的网站给人富有朝气、积极向上的感觉；橙色还有注目性较强的特点，因此适合于点缀式地用于网页中的小图标等细节处（图2-37、图2-38）。

黄色：黄色是所有色彩中明度最高的色彩，在高明度下能保持很高的纯度，极富注目性。黄色有光明、希望和轻快的感觉，中黄色有崇高、尊贵、辉煌的心理感受，而深黄色则给人高贵、温和、稳重的心理感受（图2-39、图2-40）。

绿色：绿色对生理和心理作用都极为温和，给人以宁静、安逸、可靠、信任之感。绿色所传达的清爽、希望、生长的意象，符合自然、健康、教育等主题网站的诉求点，因此在这些网站界面中绿色基调使用得较多（图2-41、图2-42）。

蓝色：蓝色沉稳的特性使其具有理智、准确的意象，成为高科技行业的代表色。同时，蓝色能够产生理性、冷静、可信、专业的心理感受，在表现教育、政府部门、环保、金融等主题的网站界面中也多选择蓝色基调（图2-43、图2-44）。

紫色：紫色的明度在有彩色中是最低的，紫色的低明度给人一种神秘、沉闷的感觉，因此在表现奇幻和魔幻主题的网站界面中常使用紫色基调。通常紫色代表一种娇柔、浪漫的品性，具有强烈的女性特质，与女性有关的商品或企业网站常采用紫色为主色（图2-45、图2-46）。

黑色：黑色给人以深沉、庄重的感觉，是一种比较安全的颜色，适合与各种颜色搭配。在多数情况下，黑色是优雅的色彩，但有时也会给人带来压抑、恐怖、邪恶等负面感受（图2-47、图2-48）。

图 2-32 www.mercedes-amg.com 增强艺术性

图 2-33 alluregraphicdesign.com 增强艺术性

图 2-34 herbalessences.com 增强艺术性

图 2-35 www.toolsforschools.ca 红色的表情

图 2-36　myselfdsk.com　红色的表情

图 2-37　snapplr.com　橙色的表情

图 2-39　www.bzzyapp.com　黄色的表情

图 2-38　www.thinkorange.pt　橙色的表情

图 2-40　www.flatvsrealism.com　黄色的表情

图 2-41 www.1903beer.com 绿色的表情

图 2-42 www..emotionslive.co.uk 绿色的表情

图 2-43 vasonanetworks.com 蓝色的表情

图 2-45 www.joyproject.it 紫色的表情

图 2-44 www.gethyapp.com 蓝色的表情

图 2-46 www.vrsapp.com 紫色的表情

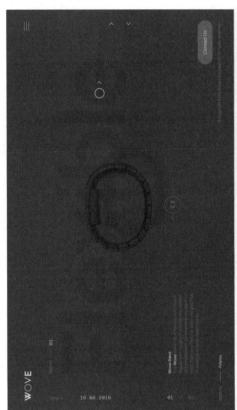

图 2-48　www.wove.com　黑色的表情

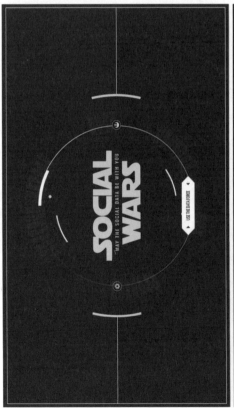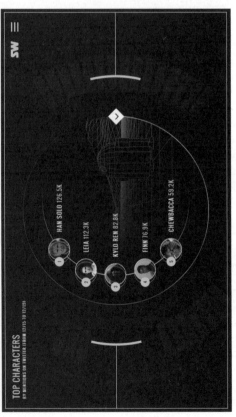

图 2-47　www.socialbakers.com/social-wars　黑色的表情

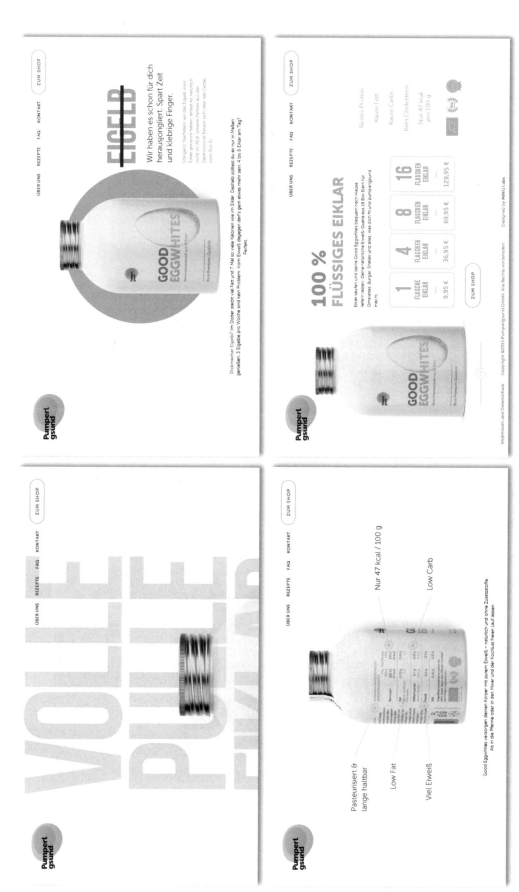

图2-49 www.pumpertgsund-bio.de 白色的表情

白色：白色具有纯洁、明快、纯真、清洁的感受，以白色为主色调的网站，给人以干净、简洁的感觉，充分展示了留白的艺术魅力（图2-49）。

3. 色彩设计原则

（1）独特性原则

独特的色彩基调是网页区别于竞争对手的重要手段之一，网页色彩设计的首要原则是确保网页色彩表现的独特性。通过色彩先声夺人的传达力量给用户建立与众不同、别具一格的网页视觉形象，从而树立起产品特有的形象，强化用户心中的品牌印象。如百事可乐网站的红蓝两色、可口可乐网站的红色，特有的企业标准色的运用形成了各自独特鲜明的品牌形象（图2-50、图2-51）。

图 2-50　www.pepsi.com　独特性原则

图 2-52　pbskids.org　适合性原则

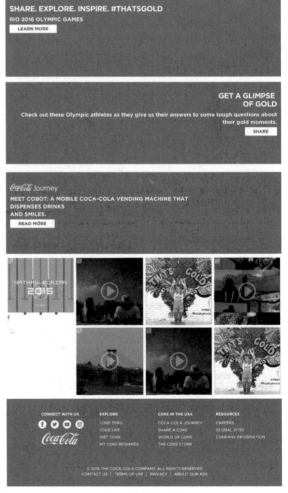

图 2-51　us.coca-cola.com　独特性原则

（2）适合性原则

网页的色彩运用并不是随性的，而是要适合多方面的需求。首先要适合网站的主题诉求与功能定位，其次要适合网站特定用户群体的审美需求；最后还要适合网站的风格定位。适合性原则为网页色彩设计提供了可行性依据，从而最大限度避免网页色彩的误选与滥用。例如，pbskids 网站为 2～8 岁的儿童提供好玩的小游戏以及儿童电视剧，其网站用色鲜艳亮丽，能充分吸引儿童的关注；而优乐美官网的色调既能唤起用户的食欲又符合其年轻受众群体活泼、积极的性格特征（图 2-52、图 2-53）。

（3）整体性原则

首先，通过控制色彩数量来保证页面色彩的整体性。通常一个网站界面的标准色彩不超过三种，色彩过多容易造成搭配效果的杂乱无章。标准色彩主要用于网站的标志、标题、导航栏和主色块，给人以整体统一的感觉，而其他颜色只是作为点缀和衬托。其次，通过配色的平衡来获得页面色彩的整体性。配色的平衡是指色彩性格、面积、位置等在配色时按照一定的空间力场做适当调整，从而形成等量、平衡的心理感受（图 2-54、图 2-55）。

图 2-53   www.u-loveit.cn   适合性原则

图 2-54   creativecruise.nl   整体性原则

图 2-55   www.animalmade.com   整体性原则

4. 色彩配色

在对色彩的作用、表情和设计原则有了基本的认知后，在具体的色彩设计中如何将色彩组织在一起呢？这就是色彩配色所解决的问题。色彩配色就是处理好色彩的统一和变化、对比与调和的关系，创建和谐、有效的颜色组合方法。

（1）色彩角色

一套完美的色彩搭配，需要各个颜色的密切配合。这些颜色担当着不同的角色，在同一个环境中发挥着各自的作用。按照色彩在整套配色方案中的角色不同，我们可以把色彩划分为主体色、背景色、辅助色和点缀色。

主体色即整套配色方案中最主要的颜色，比其他配色明显、清楚、强烈，使得浏览者一看就知道哪是主色，从而吸引人们的注意力，达到传达主题思想的作用（图 2-56）。

舞台的中心是主角，但是决定整体印象的却是背景。同样的道理，如果网页背景色素雅、恬静，整个页面的风格就会给人温和、素雅的感觉；如果网页背景色鲜艳、亮丽，整个页面的风格也会变得明亮轻快（图 2-57、图 2-58）。

图 2-56　www.species-in-pieces.com　主色

图 2-57　www.envirocorplabs.com　背景色

图 2-58　kurkawolna.pl　背景色

辅助色是指在配色中起到辅助和调和作用的颜色，它们可以在主体色系中间起到过渡协调的作用，使整套颜色和谐相融；它们还可以增加画面的层次，使页面的色彩效果更丰富（图2-59、图2-60）。

点缀色一般在画面中占据的面积较小，并且与主色调反差较大。点缀色面积较小，它的存在不会影响色彩搭配的整体倾向。由于其与整体色调反差较大，可以起到强调信息和活跃画面的作用（图2-61、图2-62）。

（2）色相配色

在网页的色彩设计中，我们通常会运用一组色彩的对比来支撑整个配色方案，而这里的色彩对比首先要定义的就是色相之间的对比。根据色相的差别，网页配色方案主要可以概括为单色调、近似色调和对比色调三大类。

单色调配色只运用一种色相，但是通过调整这种基本颜色的明度、纯度以及透明度来得到更多的色彩，从而使整个配色方案色彩达到高度统一，同时又有丰富的层次变化。单色调配色适合表现一些风格单纯、细腻、柔和的网站，在众多色彩强烈的网站中，反而给浏览者带来耳目一新的感受（图2-63、图2-64）。

图 2-59　Cahoona　辅助色

图 2-60　keepearthquakesweird.com　辅助色

图 2-61　点缀色

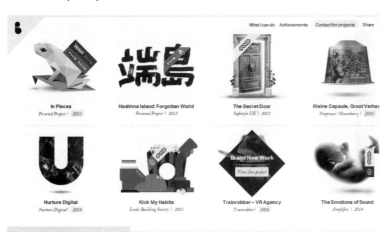

图 2-62　www.bryanjamesdesign.co.uk　点缀色

图 2-63　www.followbubble.com　单色调配色

图 2-64　walkingwallofwords.com　单色调配色

图 2-65　shihabs.com　近似色调配色

图 2-66　riiotlabs.com　近似色调配色

在色相环上选择彼此相邻的几种颜色构成的配色方案就是近似色调配色。这种方案包含了多种基色，再加上明度、纯度的变化，可以构成的颜色就非常丰富，既弥补了单色调的平淡，又保持了协调统一的关系。近似色调配色和谐、色调柔和、过渡自然、雅致耐看（图 2-65、图 2-66）。

对比色调是指在色相环上任一直径两端相对之色（含其邻近色）的色相对比。这种配色方案要比近似色调的对比更加鲜明和强烈，这种强对比拥有令人兴奋的视觉感，容易引起人们的注意。运用对比色调配色的网站往往会得到饱满、丰富、动感的视觉效果，但是运用不当，也会使画面色彩对比过于生硬，这时就要注意调整一些对比色彩的明度和纯度来调和，运用一些相邻色相作为辅助色进行过渡也是很有效的调和手段（图 2-67、图 2-68）。

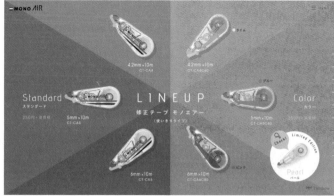

图 2-67　www.danielsantiago.com　对比色调配色　　图 2-68　www.tombow.com　对比色调配色

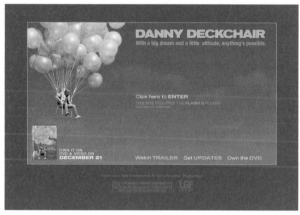

图 2-69　纯色调

图 2-71　wheyhey.com　明色调

图 2-70　www.shipwise.co　纯色调

图 2-72　明色调

（3）色调配色

网页的配色除了以色相对比为主构成的几种色调之外，还与网页整体的明度、纯度有着密切的关系，明度和纯度所形成的不同色调会给浏览者带来截然不同的心理感受，同时色调的统一也使页面中的对比色获得和谐的视觉效果。对网页色调的控制常见有以下几种：

纯色调：由高纯色相组成的色调。将整套配色中的大面积颜色提纯，不与黑、白、灰进行混合，每一个色相都个性鲜明。强烈的色相对比给网页注入了生命力，营造出年轻、充满活力与朝气的网页风格（图 2-69、图 2-70）。

　　明色调：在整套配色中加入大量的白色，色相感相对减弱，形成清丽、明净、轻快的色彩风格。暖色系的明色调有甜美、风雅之味道，冷色系的明色调则显得清凉、爽快（图2-71、图2-72）。

　　灰色调：在配色中大量加入灰色，使纯度降低，色相感淡薄，灰色的加入给页面添加了高雅、精致之感。根据加入灰色的明度不同，可分为明灰调、中灰调和暗灰调，明度越低，给人的感觉越沉着、古朴（图2-73至图2-76）。

图2-73　izumimassage.com.au
明灰色调

图2-74　中灰色调

图2-75　暗灰色调

　　暗色调：在配色中调入黑色，在保持原有色相的基础上笼罩了一层较深的调子，显得稳重老成、严谨尊贵（图2-76、图2-77）。

五、元素设计

　　在网页设计中，可以将我们的设计对象分为"宏观"和"微观"元素。宏观元素是设计中的大概念，包括网页的功能、结构、风格等；微观元素是指在网页的具体设计时单独考虑的视觉元素，包括标志、导航、文字、图片、图标等，微观元素在宏观元素的指导下，构成了网页的具体内容。

1.标志

　　通常情况下，页面中网站标志的可用空间较小，为了在有限的空间内实现所有的视觉识别功能，网站标志一般是通过对图案及文字的设计，达到引起浏览者的兴趣、识别并记忆等目的。网站标志的表现形式一般分为图案、文字、图文结合三种。

　　（1）图案

　　图案标志属于表象符号，通过隐喻、联想、概括、抽象等创意和表现方法来表现网站主体，

图2-76　tatteredfly.com　暗色调　图2-77　www.duirwaigh.com
暗色调

对概念的表达凝练而形象，容易记忆，但相对于文字标志来说，与网站主体的关联性不够直接，受众容易记忆图案本身。图案标志与网站主体的关系的认知是一个相对较长的过程，而一旦建立，印象较深刻，记忆也相对持久。对于一些知名实体品牌来说，其图案标志与品牌已经建立起牢固的联系，因此公司网站往往直接沿用品牌的图案标志，以获得统一的企业形象（图2-78、图2-79）。

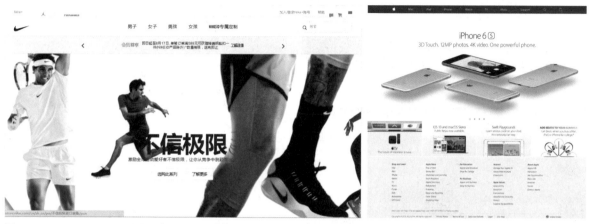

图2-78　www.nike.com　图案标志　　　　　　　　图2-79　www.apple.com　图案标志

（2）文字

文字标志属于表意符号，采用在沟通与传播活动中反复使用的品牌名称进行设计，与品牌主体的联系密切，含义直接、明确，易于被理解、认知。但因为文字本身的相似性易模糊受众对标识本身的记忆，因此文字标志要进行深入的字体设计，以突出字体的艺术性和独特性（图2-80、图2-81）。

图2-80　www.newbalance.com.cn　文字标志　　　　图2-81　www.163.com　文字标志

（3）图文结合

图文结合标志是一种表象表意的综合，指图案和文字结合的设计，兼具文字与图案的属性。图形元素能丰富标志形态，由于网站标志在网页版面里的尺寸有所限制，所以不宜采用过分复杂的图案造型与文字搭配，以免影响识别效果（图2-82至图2-84）。

以上介绍的是标志造型的三种表现形式，在实际使用中，一个完整的网站标志，有的情况下还会加入英文、域名等信息，这时就要考虑中英文字的比例、搭配，有的时候还要考虑繁体、其他特定语言版本等，另外还要兼顾标志展开后的应用是否美观（图2-85、图2-86）。

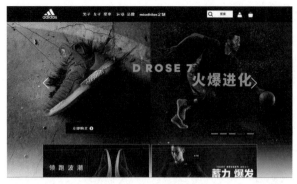

图 2-82   www.adidas.com.cn   图文结合标志

图 2-83   www.mop.com   图文结合标志

图 2-84   www.joker.fr   图文结合标志

图 2-86   www.scfai.edu.cn   四川美术学院网站标志

图 2-85   www.sohu.com   搜狐门户网站标志

2. 导航

网页导航是贯穿整个网站的指示系统，它是表达页面与页面之间、页面与内容之间的逻辑关系的唯一手段，是网页结构设计的外在形式表现。同时，网页导航还是展示网页规模、信息储备、浏览方式的基础运作系统。

设定有效的导航系统可以让访问者在信息的迷宫中安全、快速地到达目的地。清晰的导航结构不仅有助于用户了解网站能做什么，还能指导用户如何去做。进行导航设计时要以用户为出发点，而不是以系统为出发点，导航界面通常需要帮助用户回答三个基本问题：

我在哪里？

我去过哪里？

我可以去哪里？

（1）导航的类型

网页中常见的导航，按功能的不同一般可以分为全站导航、搜索引擎、正文导航和分页导航四种。

全站导航也就是我们常说的导航栏，是每个网站的必要构成要素，一般放在最显眼的位置，其目的是让网站的层次结构以一种有条理的方式清晰展示，并引导用户毫不费力地找到并管理信息，让用户在浏览网站的过程中不至于迷失。

搜索引擎是一个固定的表单，它用于帮助用户查找需要的信息，能够一次显示所有找到的详细内容。通常放置在导航栏附近以凸显其导航性质并便于用户使用。

正文导航是指在网页中先罗列一些公告事项或项目信息，使用户对其中的内容有一个大致的了解，然后可以单击其中的链接，阅读详细内容。

Next、Back、Top 等是分页导航的代表，使用这些按钮即可跳转到其他页面。

（2）导航栏的形式

从设计特点上看，常见的形式有固定式导航栏、隐藏式导航栏和滑动式导航栏。

固定式导航栏是所有导航菜单全部展开呈现的，它的优点是所有栏目一目了然并方便切换，缺点是如果栏目层级和内容较多，在信息呈现上会过于累赘，并且会占据较大版面空间（图 2-88）。

隐藏式导航栏是指当鼠标经过时，才会弹出导航菜单，它的优点是能很好地突出网页上的内容信息（图 2-88）。

滑动式导航栏是指根据鼠标的操作显示某一个导航栏目内容，其他的栏目则暂时折叠起来，这种形式的导航栏不但能够节省页面空间，而且也更清晰地展现出导航的层次结构，还能带给用户出色的点击效果（图 2-89）。

图 2-87　dreamteam.pl　固定式导航栏

图 2-88　隐藏式导航栏

图 2-89 www.1bite2go.com 滑动式导航栏

（3）导航栏的位置

网站上不同网页导航栏的位置要相对统一，否则，用户到每个页面都要寻找导航的位置，容易造成困扰。网页中有五个基本区域放置导航栏，即顶部、底部、左侧、右侧和中心。它们都有各自的优缺点，设计时应根据网页的整体版式合理安排导航栏的放置。

在网络速度受限的初期，浏览器一般都是以从上往下的顺序下载网页信息，由此决定了把导航栏这样重要的信息置于顶部区域。尽管现在下载速度已不再是一个决定导航位置的重要因素，但是很多网页依然在使用顶部导航结构，这是由于顶部导航具有不可忽视的优点。首先，符合人们从上往下浏览网页的视觉习惯，方便浏览者快速捕捉重要信息。其次，顶部导航不会对下面的内容区域造成太多的影响，留给内容区域更多、更自由地表现空间。对于内容很多的网站，顶部导航是非常有用的，但对于内容较少的网站来说，顶部导航可能会增加页面的空洞感。如图 2-90 所示，网站顶部导航栏，采用了图文结合的表现形式，同时设计了鼠标动画特效，很好地丰富了顶部导航栏的视觉效果。如图 2-91 所示，网站采用顶部滑动式导航，为下面的内容留出了充足的表现空间，同时也方便浏览者的查看，具有很强的实用性。

图 2-90 www.mms.com.tw 顶部导航

底部导航对上面区域的限制因素比其他导航安置方式都要小，可以为网站标志、主题形象留下足够的空间。而导航起着引导用户浏览和使用网站的重要作用，用户需要能快速找到导航栏，因此底部导航大多用于 1 屏尺寸的页面，对于多屏页面使用底部导航，设计师往往使用特殊技术将导航固定在显示器屏幕底部，无论页面滚动到第几屏，导航栏始终固定在当前屏幕的底部（图 2-92、图 2-93）。

图 2-91　www.angelinus.com　顶部导航

图 2-92　底部导航

图 2-93　ralphsleckerwissen.wdr.de　底部导航

图 2-94　www.bibigo.co.kr　左侧导航

图 2-95　www.themarkhotel.com　左侧导航

图 2-96　fragmentinc.co.jp　右侧导航

图 2-97　unsanforized.3sixteen.com　右侧导航

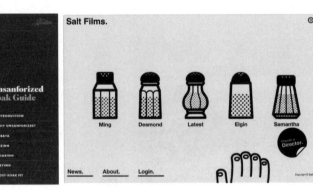

图 2-98　www.saltfilms.com.sg　中心导航

同顶部导航一样，左侧导航也是从网络技术发展初期常用的、大众化的导航布局之一。左侧导航是传统印刷品设计中常见的导航方式，也符合人们从左向右的浏览习惯。在醒目的同时可以有效弥补内容较少的网站的空洞感，这是左侧导航特有的优点。需要注意的是，在进行左侧导航设计时，应时刻考虑整个页面的协调性（图2-94、图2-95）。

如果在网页中使用右侧导航结构，那么右侧导航所蕴含的网站信息将不容易被用户注意到。一方面相对于其他的导航结构而言，右侧导航会使用户感觉到不适、不方便。另一方面，使用右侧导航会突破固定的网页布局结构，给浏览者耳目一新的感觉，从而诱导用户想要更加全面地了解网页信息以及设计者采用这种导航方式的意图所在。采用右侧导航结构，丰富了网页页面的形式，形成了更加新颖的风格（图2-96、图2-97）。

中心导航是指将导航栏放置于网页的中心，其主要目的是为了强调，而并非是节省页面空间。将导航置于用户注意力的集中区，有利于帮助用户更方便地浏览网页内容，而且可以增加页面的新颖感（图2-98、图2-99）。

3. 文字

设定有效的文字内容是网站传达信息、留住用户的决定性一步。浏览者在网上花费的大多数时间都是与文字打交道：阅读文章、扫视菜单选项、浏览产品说明等。如何利用文字传递大量的信息成为网页设计的最大挑战之一。

文字不仅是语言信息的载体，而且也是一种具有视觉识别特征的符号。在日常生活中，当我们借助语言来与外界进行沟通时，相同的一句话，可能会因为不同的语气、不同的姿态，传达出截然相反的信息。可见，语气、语调、面部表情，以及姿态手势是语言的辅助和补充。在网页设计中，文字的字体、规格，以及编排形式就相当于文字的辅助表达手段，会给浏览者以不同的心理感受。而文字图形化的艺术处理，不仅可以表达语言本身的含义，

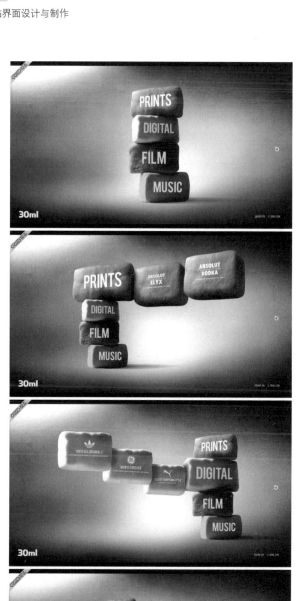

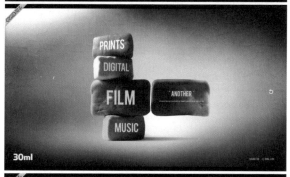

图2-99　www.30ml.com　中心导航

还可以以视觉形象的方式传递语言之外的信息。

（1）字号

字号是指字体的大小，一般以磅（Point）或像素（Pixel）为单位。文字大小，是用户体验中的一个重要部分。网页字体过小会造成阅读困难，但也不适合用太大的字号，因为页面是有限的，使用过大的字体不能带给用户更多的信息。值得注意的是，文字实际表现出来的大小并非是一个简单的数值。除了数值之外，还跟显示设备的分辨率及屏幕大小有关，如一块非常大、分辨率非常低的 LED 屏，即使像素很小，也会展示出很大的字。目前随着高分辨率显示器的普及，适用于网页正文字体的大小为 14px 或 16px。

通常一个网页中的文字要选择几种不同的字号，这是为了区分网页中信息内容的主次和层级关系。字号较大的文字，更具支配性，它的信息显示也会更为显著。因此相对于正文，栏目标题文字和导航栏文字往往选用更大的字号。

有时候，设计师会碰到需要在一个页面安排较多内容的情况，选择小的字体不是在一个页面上显示更多内容的解决办法，因为提供更多阅读的内容并不代表用户会阅读得更多，密集的内容只会影响用户阅读的兴趣。与其把所有的内容都拥挤在一个页面，倒不如精简内容，或者利用滚动条和分页导航器将内容分屏或分页展示。

（2）字体

当为网站选择字体的时候，要选择所有用户的计算机系统和浏览器都有的通用字体。如果选用了用户的系统不具备的字体，浏览器将使用默认标准来显示这些文字，这将会影响预期的页面设计效果。所以，通常建议正文的内容采用电脑缺省的字体，这会相对安全，例如中文字体的宋体、仿宋、黑体、楷体等，英文字体的 Arial、Arial Black、Times New Roman、Verdana 等。

在网页中，如果需要使用特殊的字体来体现设计风格，则必须将使用特殊字体的文字处理成图片，这样才能保证所有人看到的页面是同一效果。但这种将文字处理成图片的做法不建议用在大段的正文上，因为使用图像文字代替文本会使文件增大。而且现在大部分的浏览器都支持缩放，如果用户放大了网页，图片则无法确保在最佳的显示精度。另外，搜索引擎和动态生成网页等技术都更偏向于文本文字，因此，网站中的正文内容最好使用标准字体。

在同一页面中，字体种类少，则版面雅致、有稳定感；字体种类多，则版面活跃、丰富多彩。但如果字体种类过多，容易破坏整个网站设计的统一性，页面也会显得凌乱无序。

（3）行宽和行距

杂志或报纸每行的文字，一般情况下都不会超过 40 个汉字，这点同样适用于网页上的文章阅读，每行文本宽度控制在 450px 至 700px 为宜，在此范围内参照字号大小，英文每行 80 至 100 个字母为宜，中文每行 30 至 40 个汉字为宜。由于显示器是横向的，更要注意划分阅读区域。

行距的变化也会对文本的可读性造成很大影响。一般情况下，接近字体尺寸的行距设置比较合适正文。行距的常规比例一般为 10：12，即字号为 10px，则行距为 12px。这主要是出于以下考虑：适当的行距会形成一条明显的水平空白条，以引导浏览者的目光，而行距过宽会使文字失去较好的延续性。

除了对可读性产生影响外，行距本身也是具有很强表现力的设计语言，为了加强版式的装饰效果，可以有意识地加宽或缩窄行距，体现独特的审美意趣。例如，加宽行距可以体现轻松、舒展的情绪，适用于娱乐性、抒情性的内容。另外，通过精心安排，使宽窄行距并存，可增强版面的空间层次与弹性。

（4）文字的编排

网页中文字的编排有四种形式较为常见：两端对齐、左对齐或右对齐、居中排列、图文混排。

两端对齐格式的文字组从左端到右端的长度均齐，字群形成方方正正的面，显得端正、严谨、美观（图2-100）。

左对齐或右对齐使行首或行尾自然形成一条清晰的垂直线，很容易与图形配合。这种编排方式有松有紧、有虚有实，跳动而飘逸，可以产生节奏与韵律的形式美感。左对齐符合人们的阅读习惯，显得自然；右对齐因不太符合阅读习惯而较少采用，但显得新颖（图2-101）。

图2-100　www.mxjizhidao.com　两端对齐

居中排列是一组文字以页面中心为轴线排列，这种编排方式使整段文字看起来有一种向心力，产生对称的形式美感（图2-102）。

图2-101　ecolonglong.or.kr　左对齐

图2-102　izumimassage.com.au　居中排列

当网页中的文字需要与图片配合起来传达信息的时候，就需要采用图文混排的方式。图文混排看起来要让文字和图片形成一个整体，它们之间可能产生叠压关系，也可能让文字环绕图片排放（图2-103）。

（5）文字的图形化

字体具有两方面的作用：一是实现字意与语义的功能；二是美学效应。所谓文字的图形化，即强调文字的美学效应，把记号性的文字作为图形元素来表现，同时又强化了原有的功能。将文字图形化、意象化，不但起到了装饰作用，更有利于传达深层次的设计思想，树立网站独特的视觉形象。

图 2-103　www.seedlipdrinks.com　图文混排　　图 2-104　www.dollardreadful.com　文字图形化

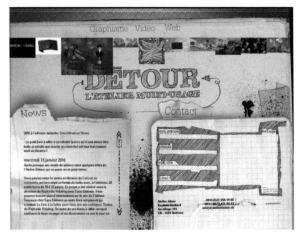

图 2-105　文字图形化

图 2-106　文字图形化

　　文字图形化处理时要重视文字的意义与形式的内在联系。图形化字体的形式感和它所表达的内容是紧密结合的，设计时要结合文字字体特征进行艺术加工，使内容与形式完美结合，生动、概括，突出表现文字内容的精神含义，增强视觉感染力，强化图形化文字的情感力量（图2-104至图2-106）。

　　4. 图片

　　图片是图形与图像的总称，是网页设计中最常用的设计元素之一。图片具有在视觉传达方面的先天优势，能够超越文字和语言的障碍将信息内容表达得更加直观生动。网页中的图片可分为功能性图片、内容图片、主题形象图片三种类型。功能性图片包括导航图标、按钮图片、指针图片等，内容图片包括网站标志、广告、产品图片、新闻照片、视频动画等，主题形象图片指的是为了达到版面的艺术效果而设计的图形图像，它不直接传达内容，起着烘托主题、渲染气氛的作用。

　　在一些强调视觉表现和用户体验的网站界面设计中，图片甚至占据了整个页面，体现了很强的艺术效果和独特的风格，尤其适用于那些既非门户网站也非政府职能网站的公司形象和艺术设计类网站。在这类网站界面设计中，图片必须符合网站的主题，表达其精神内涵，并具有独创、精巧的构思和鲜明的个性，使主题设定和视觉表现得到较好地统一，以利于信息的传达（图2-107）。

图2-107　网站主题设定与图片表现的统一

　　（1）图片的作用

　　图片在网页中发挥着不可替代的作用，概括起来有传达信息、提升美感、个性表达、丰富界面语言四个方面。

　　图片与文字、声音、视频、动画等一起，构成了网站特有的多媒体信息传达系统。传达信息是网站界面的首要目的，也是图片最基本的实用功能，形式和风格必须符合主题和内容。图片所具有的直观性可以让用户更快、更容易地理解信息，同时图片所蕴含的信息量远远超过占有同样空间的文字所承载的信息量。

图片所具有的艺术性满足了用户的审美需求并以此提升了信息传达的效率。正所谓"美观的界面更实用"，具有视觉美感的图形图像更容易引起用户心理上的共鸣，为用户营造轻松愉悦的用户体验从而使其乐于接受所传达的信息。因此，图片设计追求形式的艺术性，激发了人们的审美情感，对网站界面的信息传达效果有着极为重要的辅助作用（图2-108）。

图 2-108　www.grannyssecret.com　提升美感

图 2-109　www.bio-bak.nl　个性表达

图片的表现性突出了网页的个性化。在设计思维多元化、个性化的今天，图形图像的设计可以增加网页的视觉冲击力，有助于体现网站整体的设计创意，使网站呈现出区别于其他同类型站点的视觉特征。网站界面的整体风格由图形图像主导，并结合文字、色彩、版式、动画的整体表现来形成。在图形图像的设计过程中要勤于思考、敢于别出心裁，最终达到出奇制胜的传达效果（图 2-109）。

图片丰富了网页语言形式。在内容充实的网站中，图片的生动表达和解读，可以避免单纯文字表述的平实和枯燥，使网页焕发活力，达到吸引人、打动人的目的。而在信息量较小的网站中，系列主题形象图片充实了页面视觉语言，营造出各种独特的界面风格，是为此类网站界面的主要表达方式（图 2-110）。

图 2-111　单图方形图式

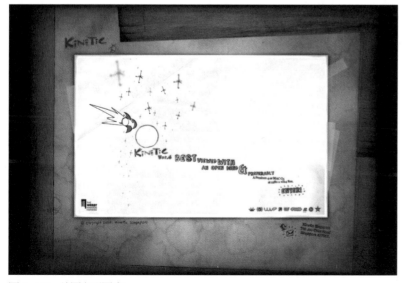

图 2-112　单图方形图式

图 2-110　www.firstagar.com.tw
丰富界面语言

（2）图片的编排

网页中常用的图片编排形式有方形图式、满版图式、退底图式三种。

一张或多张图片以完整的方形形式规则有序地编排放置在网页版面中，这种图片编排形式称为方形图式。这是最基本、最简单、最常见的表现形式，能完整地传达诉求主题，富有直接性、亲和性，构成后的版面稳重、严谨、大方，较容易与读者沟通。但是，方形图式需要设计师进行有意识地创意表现处理与编排形式构建，否则其刚硬的边缘轮廓形态将难以与版面其他设计元素和谐共处。色调、裁切、圆角、投影、边框等均是处理单张方形图片的有效表现手段；重复、对比、并列、错落、呼应等设计手法则常用于多张图片进行方形图式编排（图 2-111 至图 2-116）。

图 2-113　多图方形图式

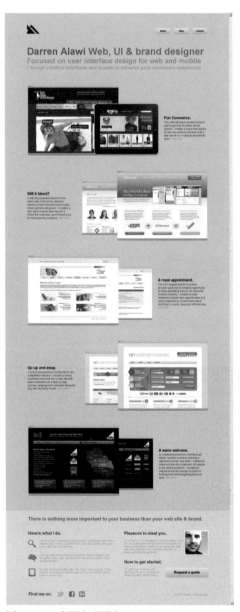

图 2-114　多图方形图式

图 2-115　多图方形图式

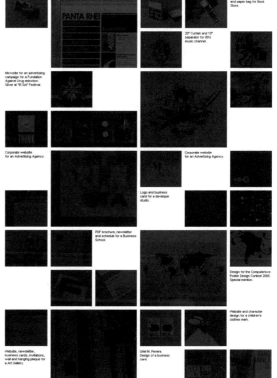

图 2-116　多图方形图式

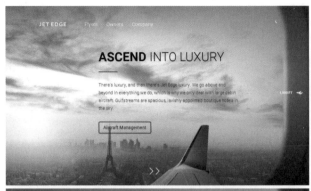

图 2-118　mpoweryogastudio.com　满版图式

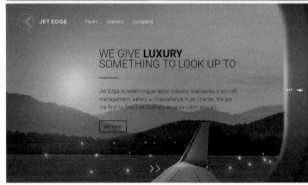

图 2-117　www.flyjetedge.com　满版图式　　　　图 2-119　满版图式

　　满版图式是指有意识地将图片延伸至页面边缘,使图片充满整个版面,具有向外扩张、自由、舒展的感觉。通过与图片上压置的文字、色块及其他设计元素的组合编排,能够形成多层次、丰富有序的视觉空间形态,有利于网页主题意念的传递与情感的抒发(图 2-117 至图 2-119)。

　　退底图式是设计者根据版面内容所需,将图片中精选部分沿边缘剪裁,去掉背景与其他元素,使被保留的对象具备更加鲜明的个性特征,是网页设计中一种重要的图片表现形式。退底图片比较容易与网页版面中的背景、颜色、图形、文字等设计元素结合,形成整体协调、生动多变的视觉效果。多个退底图片的同时编排还能使网页产生简洁清爽、统一有序的版面印象。这种编排形式在突出产品的企业网站比较常见,干净单纯的背景与精致的退底产品图片组合,能够很好地突出产品、彰显产品高贵品质(图 2-120 至图2-122)。

图 2-120　www.conspiracy.it　退底图式　　图 2-121　退底图式　　　　　图 2-122　www.weinberg　退底图式

5. 图标

　　广义的图标是具有指代意义的图形符号,它象征着一些众所周知的属性、功能、实体或概念。具有高度浓缩并快捷传达信息，便于识别、记忆的特性。狭义的图标是指计算机软件界面中具有标识性质与功能作用的计算机图形，分为软件图标与功能图标两大类。在网页中使用的是第二种类型的图标，存在于网站界面的功能图标。网页中的图标可以代表一个栏目、一个功能或者是一个命令，同时它又是一种图形语言，可以替代文字，使不同语言背景的浏览者都能快速明白其代表的含义。除了功能的作用，图标还是网页导航设计的一种重要表现形式，是网站界面形式美不可或缺的重要组成部分。好的图标设计，会与网页相得益彰，为浏览者提供更具美感更有效的信息导览（图 2-123 至图 2-126）。

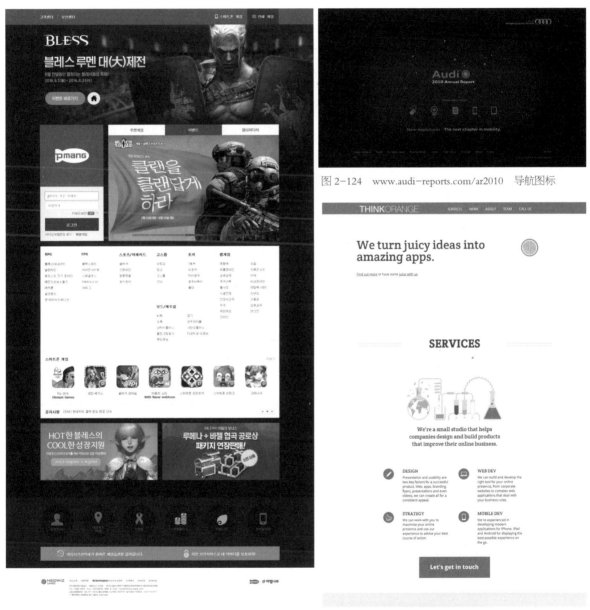

图 2-124　www.audi-reports.com/ar2010　导航图标

图 2-123　www.pmang.com　导航图标

图 2-125　栏目图标

（1）图标的设计原则

在网页图标的设计中，应该把握以下原则：首先，图标的设计要具备良好的识别性，能够准确传达出相应的含义。其次，图标的形式设计一定要与网站的整体风格搭配，既要具备形式的独特性与注目性，又

图 2-126　www.e-junkie.com　网页图标

要与页面保持协调统一的设计关系。最后，图标的设计除了要考虑其静态形式外，还要考虑其在鼠标指令下的变化形式，如外观变化、大小变化、位置变化、色彩变化等，在动态图标的设计中还需要斟酌图标的过程变化。

（2）图标的表征方法

如前所述，图标是具有指代意义的图形符号。从符号学角度来看，图标是借助符号形体本身（能指）、符号意义解释（所指）以及符号指代对象三者的联系来完成意义传达的。而这三者之间的联系有的是自然联系，有的是社会约定的主观联系，自然联系的三者之间又存在相似性或者是相关性两种情况，因此图标的表征方法可以分为图像符号、标识符号和象征符号三种。

图像符号的表征方法为对能指的写实或者模仿来表征的，建立在相似性基础上，有明显的可感知特性。比如计算机操作系统中的回收站用垃圾桶来表意，回收站图标的造型只需对现实生活中垃圾桶的形态进行提炼和模仿。在这里，回收站和垃圾桶两者具有相似（相同）的功能，即存放暂时不需要的东西，在未彻底清理前还可以再取回使用。对用户来说，这种图标语义直观易懂，这也是如今的图形界面中越来越多呈现出"拟物化"设计的重要原因。类似的图标还有用折了角的纸代表计算机文档、文件夹则直接采用文件夹工具图标来表征等（图 2-127）。

标识符号并不是直接描摹对象事物的形态，它是建立在相关性的基础上，它与对象之间存在着因果或者接近的逻辑性的联系。比如界面中常用的"刷新"图标，就是源于国际环保组织统一认证标识中的"循环利用回收"标识简化而来的。而网站"首页"图标采用开着门的房子图形则是从公共导向系统中建筑物的紧急出口标识演化而来（图 2-128）。

象征符号的能指、所指和指代对象三者之间不需要客观紧密的关系，更多的是通过社会约定来完成意义的转换。它的表意不是基于相似（相同）性或相关性，而是由社会约定的。例如最早出现于微软 XP 操作系统中的共享图标为一个托手的形态来表征，至今沿用于其他界面媒介共享语义的图标中；又如竖起大拇指在网页中表征"支持"的语义，这些属于手势象征符号范畴。代表产品或者公司企业形象的 logo，通常作为其网站的导航栏上的"首页"图标，这也是作为象征符号的用法（图 2-129）。

【回收站】垃圾桶　【文档】折了角的纸　【光盘】光盘　【文件夹】文件夹　　　【主页】公共导向系统中建筑物的紧急出口　【刷新】　"循环利用回收"标识　　　【共享】托手　【支持】竖起大拇指　【首页】企业Logo

图 2-127　图像符号图标　　　　　　　　图 2-128　标识符号图标　　　　　　　图 2-129　象征符号图标

　　在网页图标中采用象征符号需要谨慎地对待，因为由于各个民族具有自己群体的共识符号，不利于跨国界交流。我们提倡在本地化的语境中强调民族化的元素符号，而在全球化的语境中仍然是需遵循跨地域跨文化的符号运用准则。

六、界面风格

　　网页的设计风格就是采用特定的表现方法和视觉元素，让网站形成某种鲜明的视觉倾向的设计手段。网站所表现出来的风格是非常重要的，设计师应慎重考量，以充分发挥网站风格对展示网站品牌和传达网站信息所起的重要作用。网页设计风格通常不会有特定的具体元素，却又因为它们特有的外观和气质的基调为人所识。了解时下最新的流行趋势是设计师必不可少的功课，它们可以让设计师更明了当前网站用户的审美心理，同时会激发设计师的创作灵感，有助于设计师开拓设计思维，丰富表现手法。

　　1. 扁平化风格

　　扁平化风格的核心设计观念是"去除冗余、厚重和繁杂的装饰效果"，具体表现在摒弃透视、纹理、渐变、高光、阴影等一切能创造立体感的装饰效果，通过抽象的、简洁的、符号化的设计元素来表现网页，目的是让"信息"本身重新作为核心被凸显出来。因为可以更加简单直接地将信息和交互操控展示出来，所以可以有效减少认知障碍的产生。扁平化风格简洁整齐的界面，给用户带来了更加良好的操作体验。对于移动设备来说，扁平化设计还能达到降低功耗、延长待机时间和提高运算速度的效果。目前网站在 PC 机、iPad、智能手机等多种平台涵盖了越来越多不同的屏幕尺寸和分辨率，多数网站使用响应式布局来兼容多平台浏览，而使用扁平化网页更容易实现这些技术。诸多优点使得扁平化风格被苹果、微软等各大公司所采用。扁平化风格由于去掉了装饰，使得个性化的空间很小。扁平化风格的网页统一感强，但难以张扬个性，缺乏情感和生命力。所以要设计出好的扁平化网页，也是非常需要设计技巧的。

　　扁平化风格的网页有如下特点：

　　（1）简单的设计元素

　　扁平化风格主张把页面上的信息进行简化，用尽量简洁的图形、单纯的颜色和字体把有效的信息组织起来。页面中的图片很多是没有阴影、透视、纹理等的平面化图形的，色彩都是单纯的没有渐变效果的色块，字体也大多采用少装饰的无衬线字体，这些都是为了使元素边界干净利落，形成最为简洁突出的视觉形式。

（2）惯用明亮配色

扁平化风格重要的一点就是对于色彩的运用，通常采用比其他风格更明亮、炫丽的颜色。同时，扁平化设计中的配色还意味着更多的色调。比如，其他设计最多只包含两三种主要颜色，但是扁平化设计中会平均使用六到八种。而且在扁平化设计中，往往倾向于使用单色调，尤其是纯色，并且不做任何淡化或柔化处理。

（3）优化排版

由于扁平化设计使用特别简单的元素，排版就成了很重要的一个环节，排版的好坏直接影响视觉效果，甚至可能间接影响用户体验。设计扁平化风格的网页时，要注意通过排版获得信息层清晰、布局协调易于浏览的页面。（图2-130至图2-137）

图2-130　www.flukyfactory.com　扁平化风格

2.网格风格

由于对响应式布局技术具有很好的适应性，网格风格的网站越来越受到追捧。在视觉效果上，网格风格的页面具有明确的秩序性、整体性和稳定性。而通过对网格尺寸大小、网格间距、网格外形等方面进行创新设计，使网格风格少了一些中规中矩，变得不那么严肃，也更多了一些生命力。正是因为如此，网格风格能应用在各种主题的网站中，无论是官方网站、电子商务网站，亦或是个人博客，逻辑清晰的网格风格都能很好地表现主题（图2-138至图2-140）。

有些网格风格的网站不容易让人察觉网格的存在，那是因为这种设计没有过多修饰的水平线和垂直线的相互交叉。如果我们特意采用一些比较明显的边框来修饰网格，人们就能看到清晰的网格结构，体验到几何结构的秩序美感（图2-141、图2-142）。

图2-131　colouredlines.com.au　扁平化风格

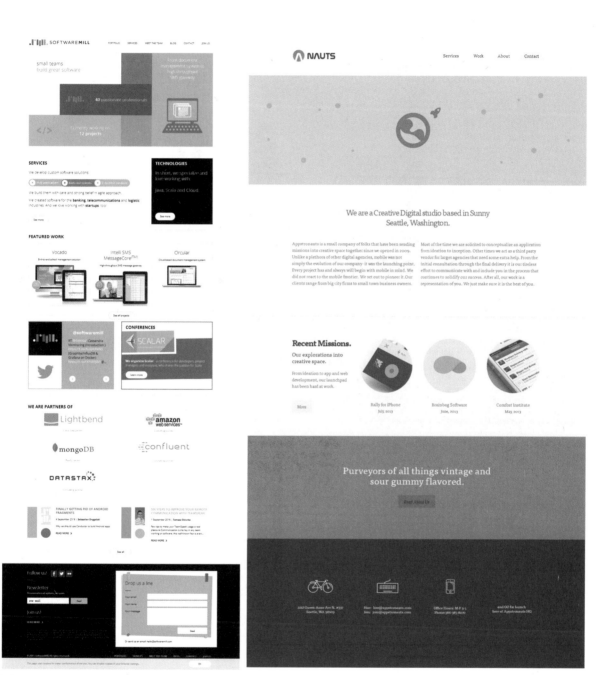

图 2-132　softwaremill.com　扁平化风格　　　图 2-133　appstronauts.com　扁平化风格

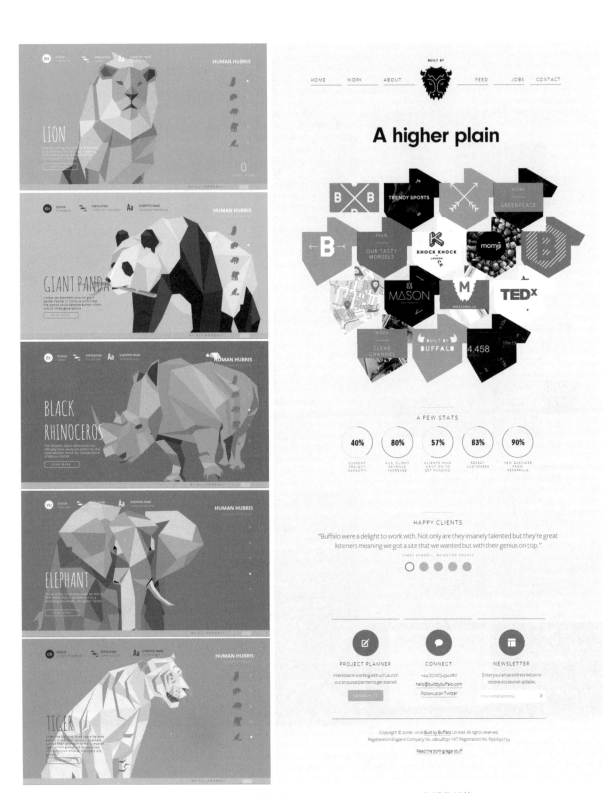

图 2-134　www.qooqee.com/humanhubris　扁平化风格　图 2-135　builtbybuffalo.com　扁平化风格

图 2-136　theecologycenter.org　扁平化风格　　　图 2-137　dolox.com　扁平化风格

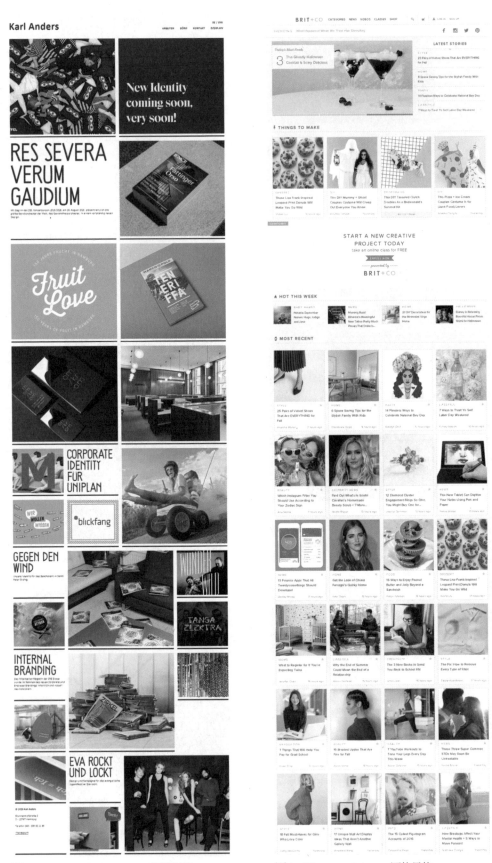

图 2-138　www.karlanders.de　网格风格　　　　图 2-139　www.brit.co　网格风格

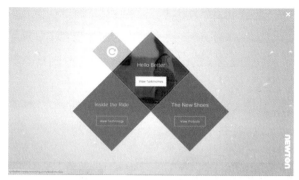

图 2-140　runbetter.newtonrunning.com　网格风格

图 2-141　www.museum.toyota.aichi.jp　网格风格

图 2-142　www.mypoorbrain.com　网格风格

网格线可以将页面划分成若干块相等的区域来展示不同的内容，也可以分割成大小不同的块面，以表现信息的不同层次关系和获得视觉上的对比效果。通常光标悬停在不同的网格区块时，会得到相应的反应，比如提示性的标题或简介等，当点击之后，会显示更为详细的信息（图 2-143、图 2-144）。

3. 极简风格

极简风格是将设计简化到只剩下最基本的信息元素，大多数装饰性元素都不会出现在这种风格的设计中。如果一个网站中加入太多的元素，可能会使浏览者无法准确判断各种元素的主次和信息的层级关系，对于那些注意力不是很集中的浏览者来说，极简风格很好地减少了混乱，用最简洁、干净的布局向浏览者展现了一个积极务实、注重实效的形象。"少即是多"就是对极简风格最恰当的描述（图 2-145）。

纯粹的极简风格的网站是很难找到的。因为从目的上说，极简主义风格是为了突出网页信息内容，而要使网页信息层级清晰，提高信息传递的效率，或多或少都要用到一些线条、色块等这些非内容元素。所以我们在极简风格网页中，常看到抽象的线条、形状的运用，以及对信息文本的字体、字号、颜色进行区分设计，再加上版面中留白的巧妙布局，通过这些手段，最终形成装饰性元素极少又信息层次分明的极简风格页面（图 2-146 至图 2-153）。

4. 写实风格

写实风格是网页设计中的一种重要风格，主要有使用实景照片和创造三维空间两种形式。

精致的实景照片能够充分发挥图像语言的视觉冲击力，用独特的情境快速吸引浏览者的注意力。在营造网站氛围的同时，实景照片还能清晰地表现网站主题，使浏览者一看就明白公司的产品和业务。一些商品的实物照片能够直接反映出商品的面貌，直接触动用户的购买欲望。使用实景照片作为网页的主要诉求点一般有两种形式：一种是利用照片作为网页的背景；另一种是利用照片作为页面的主体内容。在作为网页背景图片时，前景就要设计得朴素些，以避免页面的凌乱。在作为页面的主体内容时，为配合实景照片张扬的效果，其他元素应该简洁而单纯，烘托实景照片，共同营造真实的、整体的页面效果（图 2-154 至图 2-158）。

图 2-144   altspace.com   网格风格

图 2-143   www.malikafavre.com   网格风格   图 2-145   www.26de.com   极简风格

图2-146　pleatspleaseshop.com　极简风格

图2-147　www.studiorobot.com.au　极简风格

图 2-148   oak.is   极简风格

图 2-149   minimalmonkey.com   极简风格

图 2-151   typemedia2011.com   极简风格

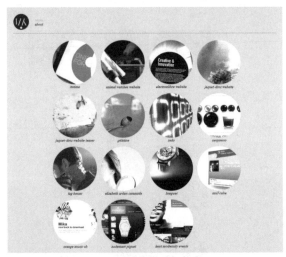

图 2-153   dotmick.com   极简风格

图 2-150   lamoulade.com   极简风格

图 2-152   modularlab.com   极简风格

图 2-154　www.claraluna.it　写实风格

图 2-155　www.angeliaami.com　写实风格

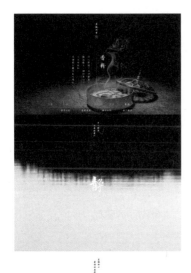

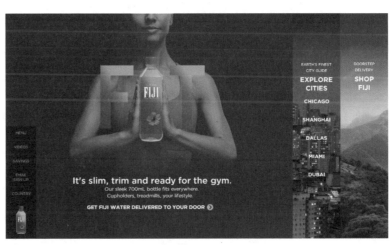

图 2-156　www.fijiwater.com　写实风格

图 2-157　www.firstagar.com.tw　写实风格　图 2-158　写实风格

我们浏览网站的屏幕是平面的，如果把网页设计得具备一定的空间感，就能带来与众不同的视觉感受。立体语言在网页设计中的运用，使得网页的空间层次更加丰富，浏览者的视野变得更加宽阔，网站的视觉效果更加真实生动。实际上，三维空间感的营造并不意味着一定要使用建模和渲染的技术，设计师可以通过一些简单的技巧营造出一种虚拟的三维空间。比如把平面元素按透视关系重叠放置，如果众多元素中的某一个是具有立体感的图像，再对这个图像进行沿物体边缘抠图，使其立在网页中，网页就会出现很强的三维空间效果。另外一个非常有效的方法是增加物体的投影和网页的光影效果，效果越真实，物体的立体感和网页的空间感就会越强。总之，重叠、投影、透视、光影等设计元素的巧妙使用，能给网页带来丰富的三维空间效果（图 2-159 至图 2-163）。

5. 插画风格

相较于实景照片的写实性，插画风格具有艺术表现的明确倾向性，可以自由营造不同的情境、表达特定的理念、彰显独特的艺术气质。根据插画的表现手法不同，插画风格又包括速写、卡通、平面、三维、手绘等多种风格形式。这些不同的风格形式所营造的氛围各不相同，速写随意、卡通活泼、手绘温情、平面雅致、写实深邃。把握好不同风格的语言特性，使之吻合于网站主题，将能树立起更清晰的网站形象。不管哪种类型的插画风格，都因为艺术创作过程中投入的情感而富有人情味，能够为网络与计算机的冰冷疏离注入脉脉温情，彰显网页的人性关怀（图 2-164 至图 2-176）。

6. 怀旧风格

在科技日益发达的今天，很多人都在追求科技感、未来感，但怀旧风格却常现身于时尚潮流设计中。怀旧使人们记忆中美好的事物得以再次呈现，使人们在情感上获得温情抚慰。怀旧风格网站用时光的烙印为自己营造独特的氛围，吸引着浏览者的眼光。

营造网页的怀旧感有三个相辅相成的关键因素。第一，是能代表一段时光的经典物体，如一枚古旧的邮票、破败的老建筑、曾经流行的服饰、泛黄的老照片等，经过设计提炼，就成为将浏览者一下带进另一个时代的视觉符号。第二，选用合适的色调。色彩对人有着很强的心理引导作用，除使用典型的时代色彩外，明度和纯度较低的色彩尤其是褐色系常用于网站的背景中，因为这种色调使网站更显古旧和沧桑感。第三，使用怀旧字体。文字作为人类主要的信息交流方式之一，其形态一直在随着社会的发展而演变。对设计而言，字体是很重要的。找到一种合适的怀旧字体运用到标题文字上，能够很好地衬托出网页的时代感（图 2-177 至图 2-187）。

图 2-159　写实风格

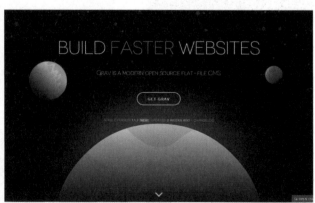

图 2-161　getgrav.org　写实风格

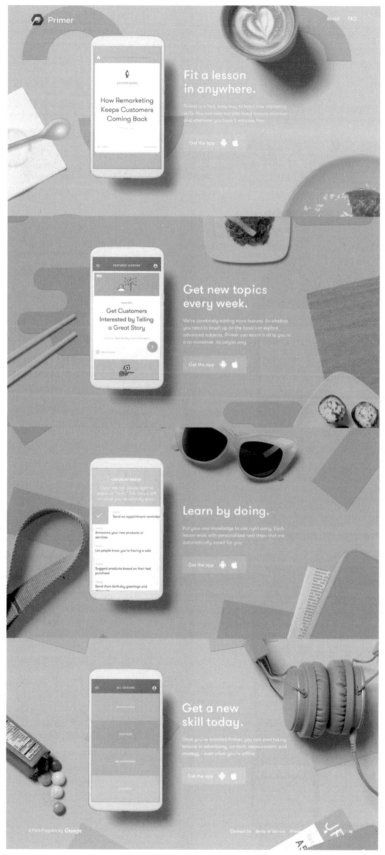

图 2-160　写实风格

图 2-162　写实风格

图 2-164　www.2latelier.com　插画风格

图 2-163　www.boputoy.com　写实风格

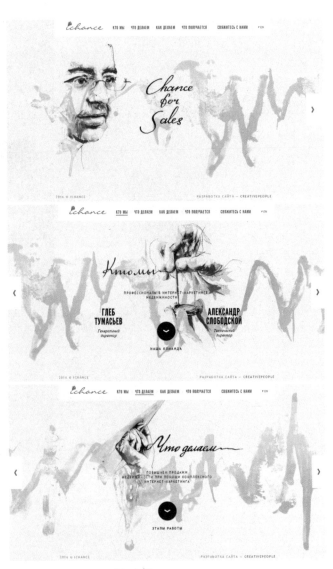

图 2-165　ichance.ru　插画风格

图 2-166　quakequizsf.org　插画风格

图 2-167　www.charary.com　插画风格

图 2-168　www.springythingy.com　插画风格

图 2-169　www.spook.spicsolutions.com　插画风格

图 2-170　grzegorzkozak.pl　插画风格

图 2-171　www.robertoavila.com　插画风格

图 2-173　www.buki.co.kr　插画风格

图 2-172　pororo.jr.naver.com　插画风格

图 2-174　leconcoursdupetitprince.com　插画风格

图 2-175　shuxia.cc　插画风格

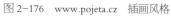

图 2-176 www.pojeta.cz 插画风格

图 2-177 thislandishovland.com 怀旧风格

图 2-178　walkingwallofwords.com　怀旧风格

图 2-179　www.bobvvs.se　怀旧风格

图 2-181　www.literarybohemian.com　怀旧风格

图 2-180　threepennyeditor.com　怀旧风格

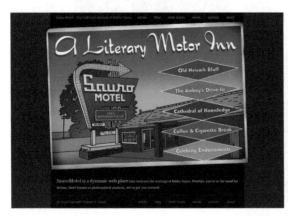

图 2-183　www.sauromotel.com　怀旧风格

图 2-184　www.filigrooves.com　怀旧风格

图 2-185　www.targetscope.com　怀旧风格

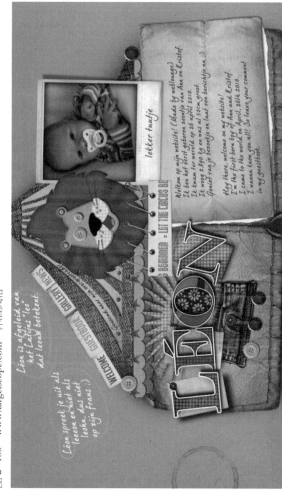

图 2-186　www.leonvanrentergem.be　怀旧风格

图 2-182　radio.nymoon.com　怀旧风格

图2-187　www.thisistommy.com　怀旧风格

第二节　教学项目：旅游信息网首页制作

一、设计定位

作为一个服务于世博会的专题网站，网站建设目标是在世博会期间对本地旅游资源起到重要的宣传作用。网站的服务对象是海内外的旅游者以及本地旅游机构。海内外的旅游者可以通过网站查看到"吃住行游购娱"六个要素的旅游信息；查看旅游机构和导游的资质及诚信信息、联系方式、旅游产品。旅游机构可通过网站展示自己的形象，发布本机构的如旅游线路、折扣信息、促销信息等。

网站的主要服务对象为旅游者，因此网站的建设始终以旅游者的需求为中心，首页的设计亦是如此。在首页的信息组织上，左侧主要内容区域以"吃住行游购娱"六个旅游要素来对旅游者需要的信息进行分类展示，使旅游者能既清晰又全面地熟悉本地旅游资源，右侧区域则为旅游者提供旅游服务的快捷导航。

考虑到网站的信息量较大，首页采用了网格型的页面布局，同时在布局时注重文图的错落安排，以避免网格型布局带来的视觉上的单调乏味。为了塑造本地旅游独特的形象，设计时突出江海主题，采用接近于海水的

图 2-188　旅游信息网首页效果图

蓝色为网站主色调，同时精选特色旅游景点图片，在首页 Banner 中以动画的形式展现（图 2-188）。

二、效果图制作

STEP1：启动 Photoshop，按 Ctrl+N 组合键新建一个尺寸为 1004 像素 ×1570 像素、分辨率为 72 像素 / 英寸，背景色为白色的新文件，将其存储为"index.psd"文件。

STEP2：执行菜单"编辑"→"首选项"→"单位与标尺"命令，在打开的"首选项"对话框中将"标尺"的单位设置为"像素"。然后按 Ctrl+R 组合键显示标尺，依照网页的结构布局，分别在 X 轴上的 5px、247px、257px、499px、509px、751px、761px、999px 处，Y 轴上的 27px、449px、454px、844px、849px、1012px、1017px 处创建参考线。

STEP3：在"图层"面板中创建新组，命名为"top"。新建图层，命名为"背景"。使用"矩形选框工具"[⁚]，在页面顶部依照参考线拖动鼠标创建一个矩形选区，效果如图 2-189 所示。

STEP4：使用"渐变工具" ■，设置渐变色从浅灰色（#fefefe）到灰色（#f6f6f6）线性渐变，在矩形选区中从上至下拖动鼠标

图 2-189　创建矩形选区

进行填充，然后按 Ctrl+D 组合键取消选区。

STEP5：使用"单行选框工具" ，在渐变色底部单击创建选区（可结合键盘上的方向键微调至准确位置）。使用"油漆桶工具" 把选区填充为白色，然后使用方向键把选区向上调 1 像素，并填充为灰色（#c4c4c4），效果如图 2-190 所示。

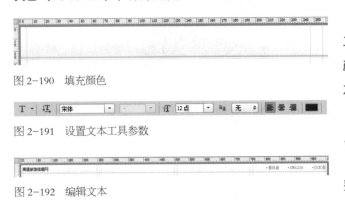

图 2-190　填充颜色

图 2-191　设置文本工具参数

图 2-192　编辑文本

STEP6：使用"横排文字工具" ，工具属性栏参数设置如图 2-191 所示，文本颜色为"#333333"，在刚才填充的背景色左部输入文字"南通旅游信息网"。

STEP7：再次使用"横排文字工具" ，在背景色右部输入文字"繁体版 ENGLISH 日本语"，文本颜色为"1d99d7 "，适当调整文字间距。

STEP8：新建图层，命名为"dot"。使用"椭圆工具" ，在工具属性栏中选择工具模式为"像素"。在版本文字前绘制一个蓝色的小点，效果如图 2-192 所示。

STEP9：在"图层"面板中创建新组，命名为"banner"。执行菜单"文件"→"打开"命令，打开本章"素材"文件夹中的"shuihuiyuan.jpg"图像文件，将其拖至"index.psd"窗口中，对齐至辅助线。

STEP10：执行菜单"文件"→"打开"命令，打开本章"素材"文件夹中的"haibao.png"图像文件，将其拖至"index.psd"窗口中，放置在图片左上角，效果如图 2-193 所示。

STEP11：使用"横排文字工具" ，"字符"面板参数设置如图 2-194 所示，文本颜色为"#fa6b03"。在"海宝"图片后输入文字"南通旅游，服务世博一键通"。选中文字"南通"，调整文本颜色为"#0280d8"。

STEP12：单击"图层"面板底部的"添加图层样式按钮" ，为文字图层添加描边和投影样式，样式参数分别如图 2-195、图 2-196 所示。

STEP13：使用同样的方法继续输入第二行英文，并添加描边样式，最终效果如图 2-197 所示。

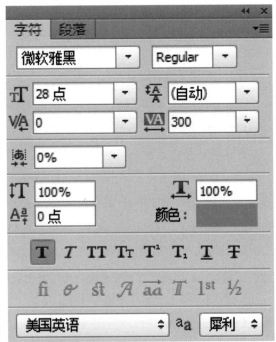

图 2-193　添加图片

图 2-194　字符面板

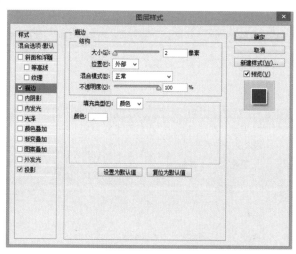

图 2-195　添加描边样式

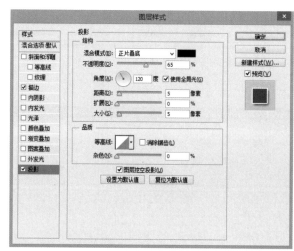

图 2-196　添加投影样式

图 2-197　Banner 文字效果

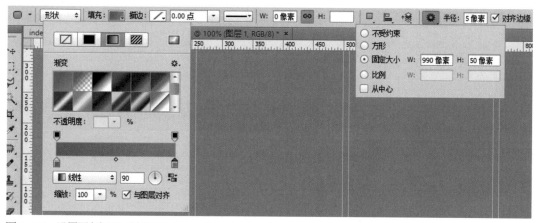

图 2-198　设置圆角矩形工具参数

STEP14：在"banner"组之上创建新组，命名为"nav"。新建图层，使用"圆角矩形工具"，工具属性栏参数设置如图 2-198 所示，填充设为从"#046fca"至"#1c97ff"双色渐变填充。在画布上单击并拖动，创建圆角矩形。按 <Shift+Ctrl+H> 组合键隐藏路径，在"图层"面板中把图层名称改为"背景"，并把图层不透明度调整为"55%"。

STEP15：再次使用"圆角矩形工具"，工具属性栏参数设置如图 2-199 所示，使用同样的方法在蓝色渐变上部绘制白色矩形，在"图层"面板中把图层名称改为"高光"，并把图层不透明度调整为"25%"。

图 2-199　设置圆角矩形工具参数

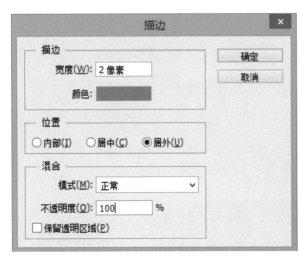

图 2-200　描边蓝色

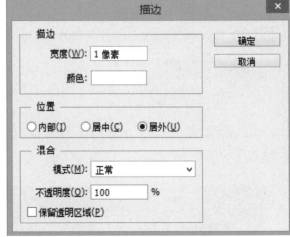

图 2-201　描边白色

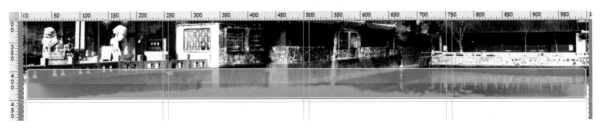

图 2-202　导航条背景效果

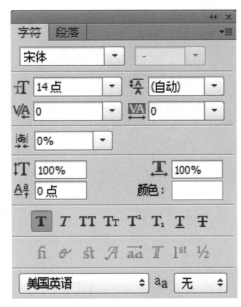

图 2-203　字符面板

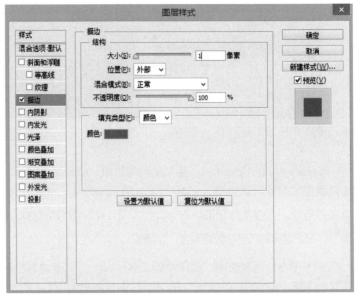

图 2-204　添加描边样式

STEP16：新建图层，命名为"边框"。按住 Ctrl 键的同时在"图层"面板中单击背景图层缩略图，载入选区。设置前景色为"#0280d8"，在边框图层中，执行菜单"编辑"→"描边"命令，在弹出的"描边"对话框中设置参数如图 2-200 所示。设置前景色为"#ffffff"，再次执行"描边"命令，参数设置如图 2-201 所示。

STEP17：在"图层"面板上按 Ctrl 键并单击，同时选中"背景""高光""边框"三个图层，单击面板底部"链接图层"按钮 🔗，链接这三个图层。使用"移动工具" ▶╬ 依据参考线精确调整它们的位置，效果如图 2-202 所示。

STEP18：使用"横排文字工具" T，"字符"面板参数设置如图 2-203 所示，输入导航栏文字并适当调整间距。给文字添加图层样式"描边"，样式参数设置如图 2-204 所示。

图 2-205　设置渐变工具参数

STEP19：新建图层，命名为"分割线"。使用"铅笔工具" ✏ 在导航条上竖向绘制一条"1px"白色线条。在"图层"面板底部单击"添加图层蒙版"按钮， ▣ 为线条添加图层蒙版。使用"渐变工具" 🖳 ，在工具属性栏上选择线性渐变，打开渐变编辑器，参数设置如图 2-205 所示。单击"确定"关闭渐变编辑器。在画布上沿着线条从上至下拉渐变，使线条两端渐隐。

图 2-206　完成后的 Banner 和导航效果

STEP20：复制出其余分割线并调整它们的位置。至此，Banner 和导航就制作完成了，效果如图 2-206 所示。

STEP21：在"图层"面板中创建新组，命名为"游"。新建图层，命名为"背景"。使用"矩形选框工具" ⬚ ，依照参考线拖动鼠标创建一个矩形选区，如图 2-207 所示。执行菜单"编辑"→"描边"

命令，"描边"对话框参数设置如图 2-208 所示，其中"颜色"为"#0280d8"，单击"确定"关闭对
话框。

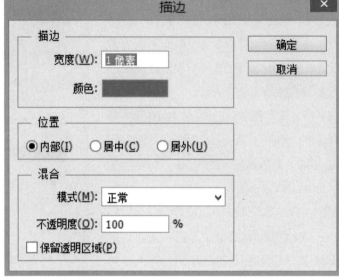

图 2-207　创建矩形选区　　　　　　　图 2-208　设置描边参数

图 2-209　设置渐变参数　　　　　　　图 2-210　添加图片

STEP22：执行菜单"选择"→"修改"→"收缩"命令，打开"收缩选区"对话框，设置"收缩量"为"2px"，
单击"确定"关闭对话框。使用"渐变工具" ▇，工具属性栏及渐变编辑器参数设置如图 2-209 所示（第
一个色标色值为"#97caf2"）。在矩形选框中按 Shift 键的同时从上至下拉出渐变色，按 Ctrl+D 组合键
取消选区。

STEP23：执行菜单"文件"→"打开"命令，打开本章"素材"文件夹中的"modian.png"图像文
件，将其拖至"index.psd"窗口中，放置位置如图 2-210 所示。

STEP24：打开本章"素材"文件夹，复制其中的"迷你简黄草 .ttf"字体文件至电脑 C 盘，粘贴在
C:\WINDOWS\fonts 文件夹下，安装字体至系统。使用"横排文字工具" T，"字符"面板参数如图 2-211
所示。在橙色墨点上单击，输入文字"游"。

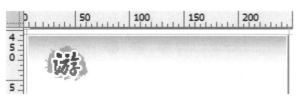

图 2-212　"游"字效果图片

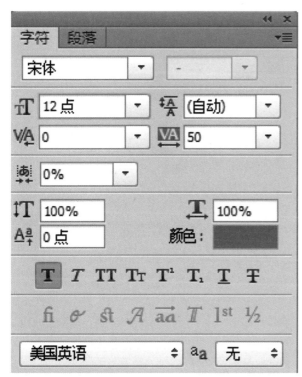

图 2-213　字符面板

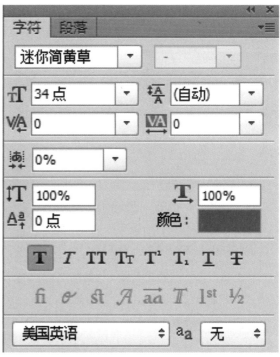

图 2-211　字符面板

图 2-214　"游遍通城"栏目标题

STEP25：在"图层"面板中按住 Ctrl 键的同时单击文本图层缩略图，载入选区。新建图层，命名为"游"。设置前景色为"#0011bc"，背景色为"#0092f1"，使用"渐变工具"，在选区内从上至下创建从前景色到背景色渐变，按 Ctrl+D 组合键取消选区。添加图层样式"描边"，大小为"2px"，颜色为"#ffffff"，效果如图 2-212 所示。

STEP26：使用"横排文字工具"，"字符"面板参数如图 2-213 所示，其中文本颜色为"#027b02"，在"游"字后输入"遍通城"。添加图层样式"描边"，大小为"1px"，颜色为"#ffffff"。

STEP27：执行菜单"文件"→"打开"命令，打开本章"素材"文件夹中的"more.png"图像文件，将其拖至"index.psd"窗口中，调整至适当位置。

STEP28：使用"铅笔工具"，笔触大小为"2px"，在文字下方绘制一条横线，颜色为"#004cff"和"#979797"，效果如图 2-214 所示。

图 2-215　"游遍通城"内容文字

STEP29：执行菜单"文件"→"打开"命令，打开本章"素材"文件夹中的"jingdian01.jpg""jingdian02.jpg""jingdian03.jpg"三个图像文件，将其拖至"index.psd"窗口中，放置在横线下面。

STEP30：编辑内容文字，注意字体为宋体，大小为 12 点，消除锯齿为"无"，如图 2-215 所示。

STEP31：新建图层，命名为"虚线"。选择"铅笔工具" ，"画笔"面板参数设置如图 2-216 所示。在文字下方绘制一条虚线。

STEP32：新建图层，命名为"圆形"。使用椭圆选框工具 ，设置工具属性栏如图 2-217 所示。在虚线下方适当位置单击，创建圆形选区。

STEP33：设置前景色为"#0078fa"，使用"油漆桶工具" 用前景色填充选区。添加图层样式"描边"和"投影"，样式面板设置如图 2-218、图 2-219 所示。

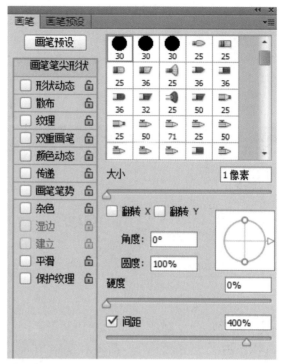

图 2-216　画笔面板

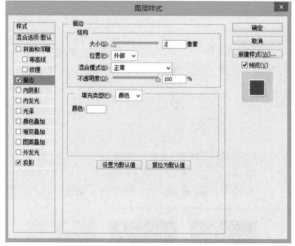

图 2-217　椭圆选框属性设置

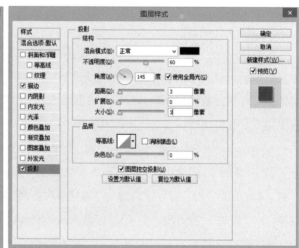

图 2-218　描边图层样式　　　　图 2-219　投影图层样式

STEP34：复制出三个圆形副本图层，依次排开，效果如图 2-220 所示。使用"横排文字工具" T，设置"字符"面板如图 2-221 所示，在圆形上输入文字"景点精选"。

STEP35：编辑内容文字，注意字体为宋体，大小为 12 点，消除锯齿为"无"。打开本章"素材"文件夹中的"dot.png"文件，将其拖至"index.psd"窗口中，在每行文字前添加小图标。至此，"游遍通城"栏目制作完成，效果如图 2-222 所示。

图 2-220　复制圆形

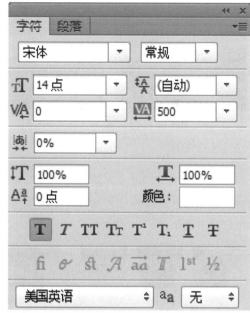

图 2-221　字符面板

图 2-222　游遍通城

图 2-223　住宿推荐 行路有方

　　STEP36：在"图层"面板中复制组"游"，修改组名称为"住"。依据参考线调整到合适位置，修改其中具体内容，制作"住宿推荐"栏目。用同样的方法制作出"行路有方"栏目，效果如图 2-223 所示。

　　STEP37：在"图层"面板中创建新组，命名为"滚动图片"，制作景点图片展示，效果如图 2-224 所示。

　　STEP38：在滚动图片的下方，用前面同样的方法快速制作出"食在南通""购物天堂""娱乐休闲"三个栏目。效果如图 2-225 所示。

　　STEP39：在"图层"面板中创建新组，命名为"专线旅游"。用"游遍通城"栏目相同的方法制作出"背景"和栏目标题"专项旅游"，效果如图 2-226 所示。

图 2-224　滚动图片

图 2-225　食购娱栏目

2-227　创建图层蒙版

专线旅游

图 2-226　专线旅游栏目标题

图 2-228　添加图层蒙版

STEP40: 执行菜单"文件"→"打开"命令，打开本章"素材"文件夹中的"自驾游.jpg"图像文件，将其拖至"index.psd"窗口中，放置在"专线旅游"栏目标题下方。按 Ctrl+T 组合键调整图片大小。

STEP41: 双击"图层"面板底部的"添加图层蒙版"按钮 🔲，创建两个图层蒙版，如图 2-227 所示。选择"渐变工具" 🔳，在图像上从右至左拉出一条黑色到白色的线性渐变，使图像右侧渐隐，效果如图 2-228 所示。

STEP42: 在"图层"面板上单击第二个蒙版缩略图，选中矢量蒙版。使用"圆角矩形工具" 🔲，设置工具属性栏如图 2-229 所示。在图像上单击并拖动路径至合适位置，效果如图 2-230 所示。

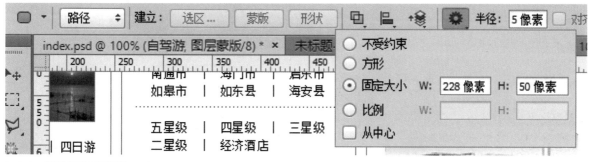

2-229　圆角矩形工具属性

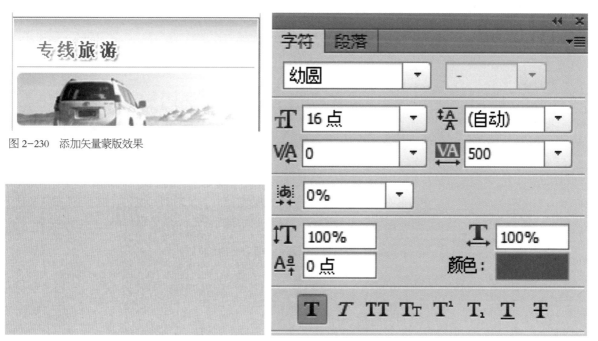

图 2-230　添加矢量蒙版效果

图 2-231　字符面板

STEP43: 设置前景色为"#0065ac"，选择"横排文字工具" T，"字符"面板参数如图 2-231 所示，在图像右部输入文字"自驾游"。添加图层样式"描边"，大小为"2px"，颜色为"#ffffff"。

STEP44: 使用同样的方法制作出"乡村游"、"红色游"、"新干线"和"虚拟游"，效果如图 2-232 所示。

按住 Alt 键的同时，拖动图层蒙版，即可复制蒙版。

图 2-232　专项旅游　　　　　　　图 2-233　旅游百宝箱

图 2-234　景点地理导航

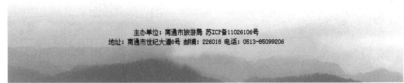

图 2-235　脚注

STEP45:制作"旅游百宝箱""景点地理导航"两个栏目和脚注部分，由于制作方法和上述相似，这里就不再赘述，读者可以参考源文件，完成后效果如图 2-233 至图 2-235 所示。

第三节　实践项目

一. 习题

1. 填空题

（1）网站界面设计包括_____、尺寸规格、_____、_____和_____五个方面的设计。

（2）在网站界面设计中，网页形象识别系统是以＿＿＿＿＿＿＿＿＿＿＿＿＿＿＿＿为核心，由＿＿＿＿＿＿
＿＿＿＿＿＿＿＿＿＿＿＿＿＿、标准文字与＿＿＿＿＿＿＿＿＿＿＿＿＿＿＿＿共同组成的系统。

（3）网页的版式布局可以分为＿＿＿＿＿＿＿＿＿＿、＿＿＿＿＿＿＿＿＿＿、＿＿＿＿＿＿＿＿＿＿
和＿＿＿＿＿＿＿＿＿＿四种基本类型。

（4）网页的色彩设计要遵循＿＿＿＿＿＿＿＿＿＿＿＿＿＿＿原则、＿＿＿＿＿＿＿＿＿＿＿＿＿＿＿原则
和＿＿＿＿＿＿＿＿＿＿＿＿＿原则。

（5）网站标志的表现形式一般分为＿＿＿＿＿＿＿＿＿＿＿＿＿、＿＿＿＿＿＿＿＿＿＿＿＿＿、
＿＿＿＿＿＿＿＿＿＿三种。

（6）网页中常见的导航按功能的不同一般可以分为＿＿＿＿＿＿＿＿＿＿＿＿＿、＿＿＿＿＿＿
＿＿＿＿＿＿＿、正文导航和＿＿＿＿＿＿＿＿＿＿＿＿＿＿＿四种。

（7）网页中文字的编排有四种形式较为常见：＿＿＿＿＿＿＿＿＿＿＿、＿＿＿＿＿＿＿＿
＿＿＿＿＿、居中排列、＿＿＿＿＿＿＿＿＿＿＿＿＿＿＿。

（8）网页中的图片可分为＿＿＿＿＿＿＿＿＿＿＿＿＿、内容图片、＿＿＿＿＿＿＿＿＿＿＿＿＿
三种类型。

（9）网页中常用的图片编排形式有＿＿＿＿＿＿＿＿＿＿＿＿＿、＿＿＿＿＿＿＿＿＿＿＿＿＿、
＿＿＿＿＿＿＿＿＿＿＿＿＿三种。

（10）图标的表征方法可以分为＿＿＿＿＿＿＿＿＿＿＿＿＿、＿＿＿＿＿＿＿＿＿＿＿＿＿、
＿＿＿＿＿＿＿＿＿＿＿＿＿三种。

2. 问答题

（1）色彩在网站界面设计中的作用有哪些？

（2）在设计网页图标时应该把握哪些原则？

（3）简述扁平化风格网页的设计特点。

3. 上机题

浏览一些常用的网站，分析其布局特点及栏目、板块的设置，总结其页面色彩的运用。

二、项目实战

1. 实战项目要求

根据在"项目流程——网站策划"环节完成的策划书的规划，设计制作网站 logo、主题形象图形以及各栏目页效果图。页面既要信息层次清晰、交互行为顺畅，又要具有良好的艺术效果，以便从功能性和艺术性两方面来提高网站的易用性。

2. 学生作品案例（图 2-236 至图 2-241）

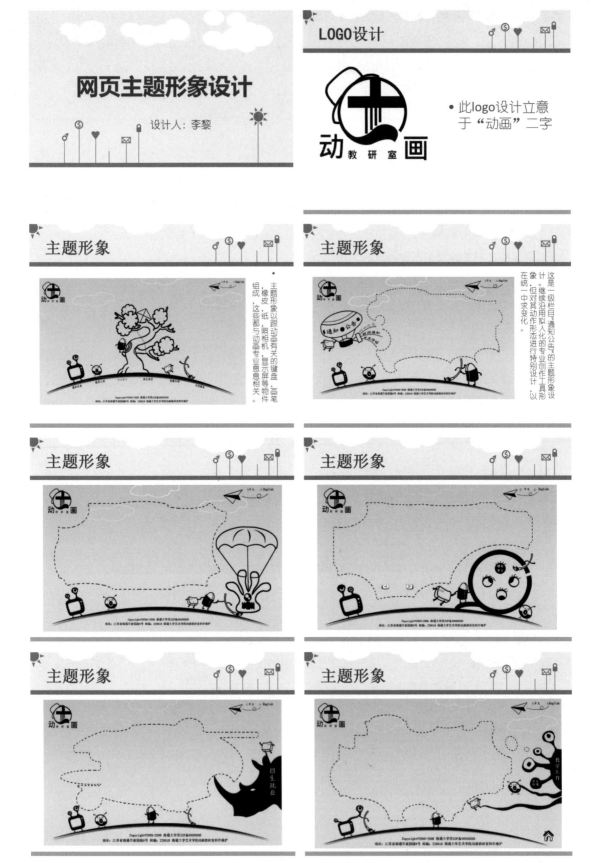

图 2-236　动画教研室网站形象设计 / 李黎 / 指导教师　宋翠君

图 2-237 板鹞印象网站形象设计 / 狄秀 / 指导教师 宋翠君

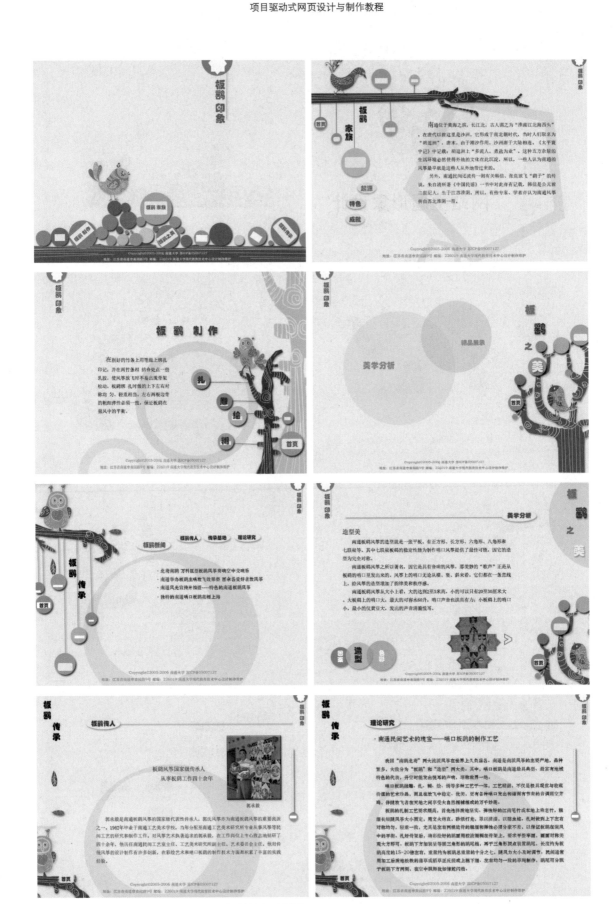

图2-238 板鹞印象网站效果图 / 狄秀 / 指导教师 宋翠君

图 2-239　蓝印花布网站效果图 / 卞愉涵 / 指导教师　宋翠君

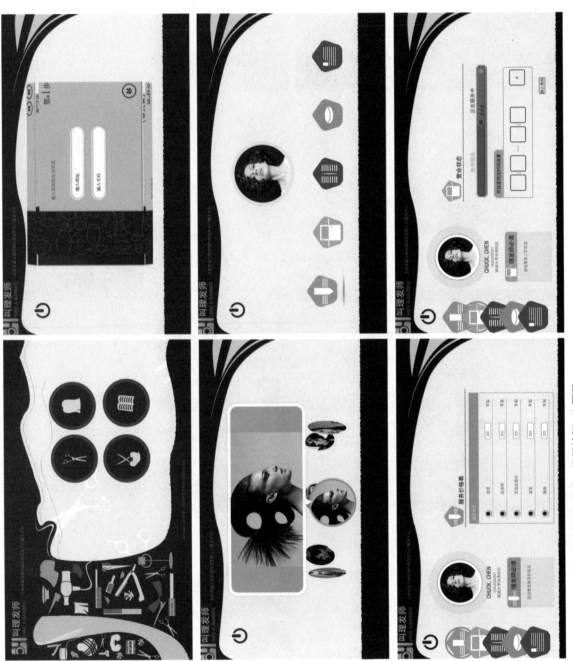

图 2-240 叫理发师网站效果图／陈龙／指导教师 宋翠君

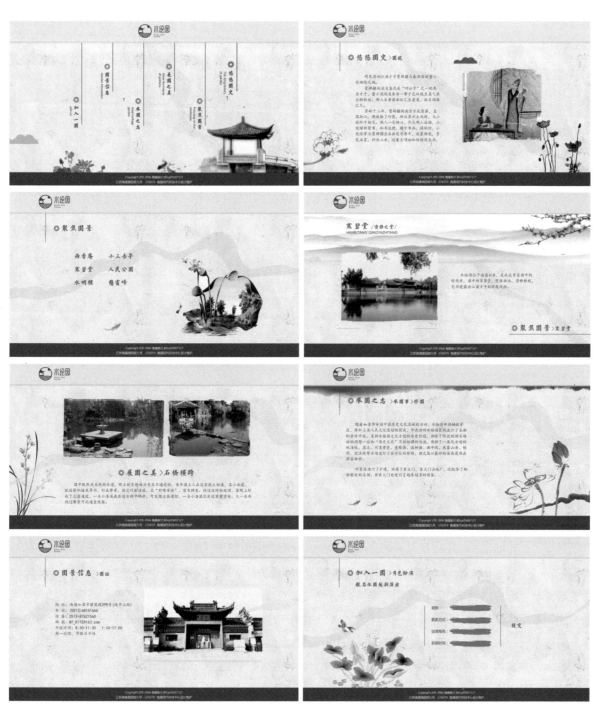

图 2-241 水绘园网站效果图 / 张茹 / 指导教师 宋翠君

项目描述与分析

在项目流程二中制作好的网页效果图提供了后期合成制作时需要的图片元素和文本元素，动画元素则需要单独制作。根据动画的类型不同，制作时会使用到 Photoshop、Flash、Dreamweaver 等不同软件。

知识重点

1. 理解网页动画的概念。
2. 明确网页动画的类型。
3. 掌握网页动画的设计流程。

知识难点

掌握不同类型网页动画的特点及其制作技术。

第一节　网页动画设计

一、网页动画的概念

动画是通过对一系列关联画面进行连续播放而形成运动的影像。较正式的动画英文表述为"Animation"，该词源自于拉丁文字根 anima，意思为"灵魂"，动词 animate 是"赋予生命"，引申为使某物活起来的意思。动画在互联网上的应用，给静态的网页赋予了生命，使网页变得生动有趣和富有活力。如今，动画在互联网上的应用已经比比皆是，这些应用可以分为两类：第一类是动画作为网站页面的构成部分，服务于网站主题；第二类是作为一种独立的动画片经由网络而承载和传播。网页动画作为网站页面的重要构成部分，具有直观生动、艺术感染力强、信息含量大等优势，其较强的视觉冲击力不仅丰富了网页视觉效果，更日益成为网页信息传达的重要形式。

在网站建设中，可以整站都由 Flash 动画和 ActionScript 脚本语言创建，也可以是动画作为一种媒介元素出现在网页中。网页中的动画出现在各种地方，大致可以归纳为两类，第一类是为树立品牌形象的片头动画、形象页动画、广告动画；第二类是为提高网站交互体验的 Loading 动画、转场动画、导航动画、按钮动画。

使用 Flash 技术搭建的网站因其丰富的动画和特别的交互使网站效果令人惊奇，网页不再是静态的，而是变得有故事有情节，能灵活地展现独特的创意，网站变得富有趣味和活力（图 3-1、图 3-2）。

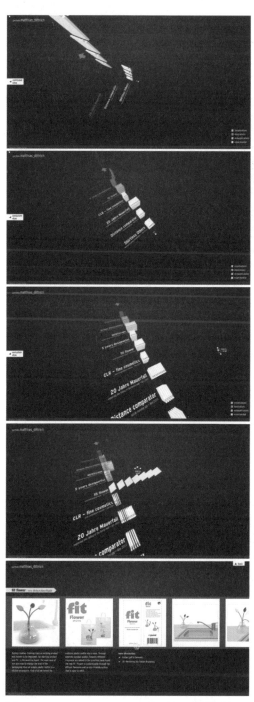

图 3-1　www.matthiasdittrich.com　Flash 动画网站　　图 3-2　www.escriba.es/base_en.html　Flash 动画网站

图 3-3　runbetter.newtonrunning.com　片头动画

图 3-4　www.jupiland.com　广告动画

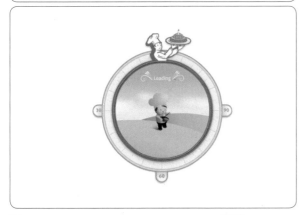

图 3-5　www.escriba.es/base_en.html　Loading 动画

图 3-6　zzz.drinkzzz.com　导航动画

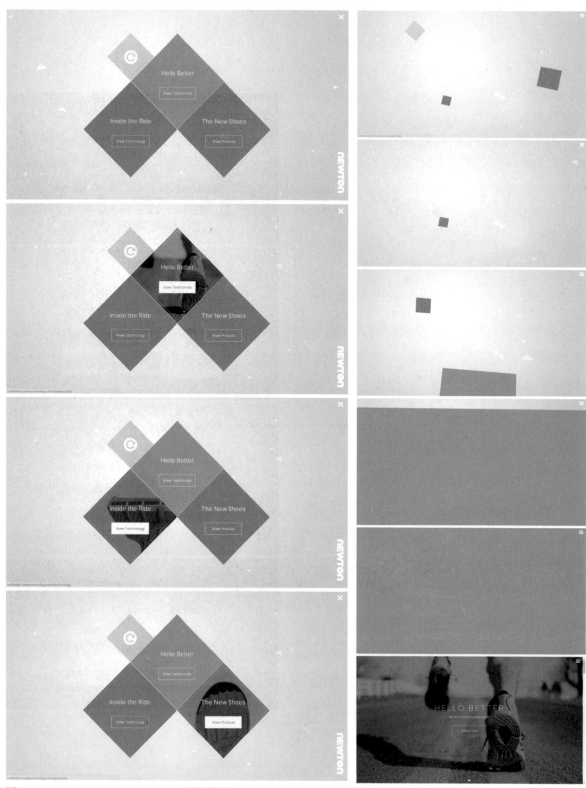

图 3-7　runbetter.newtonrunning.com　导航动画　　　　图 3-8　runbetter.newtonrunning.com　转场动画

片头动画和形象页动画特别适合于展示公司产品和树立品牌形象，如图3-3所示的片头动画运用四幅图片的切换动画展现了不同的人在不同的环境下穿着运动鞋跑步的场景，很好地表现了网站主题。网页中的广告动画有各种形式，常见的有Banner广告、对联广告、弹出式广告等，这些广告使用各种动画效果吸引人们的注意力，来突出和展现公司产品或形象。如图3-4所示的Banner广告直接展示了公司的各款饮料，其三维旋转的视觉效果在平面静态的页面中尤为醒目。当网页需要载入大量的内容而使等待页面打开的时间变得较长时，Loading动画的设计使得等待的过程变得非常有趣。如图3-5所示的Loading动画中，厨师随着"嘀嗒嘀嗒"的时间走动音效不断搅动锅里的菜肴，刻度盘上的红色进度条清晰地告知了用户当前加载进度，对后台进度心中有数使得等待不再漫长。导航动画一般都设置原始状态和鼠标经过时的状态，这种根据鼠标操作设置的动画能够提醒用户进行下一步交互操作，如图3-6、图3-7所示。转场动画则使得各栏目页面之间的切换更自然更流畅，给用户带来了更好的交互体验，如图3-8所示。

二、网页动画的类型

可以让网页动起来的方式是有很多种的，目前常见的嵌入网页的动画技术有有三种：GIF动画、Flash动画和JavaScript动画。

GIF（Graphics Interchange Format）是一种图片格式，意思是"图像互换格式"，是CompuServe公司在1987年开发的图像文件格式。它不属于任何应用程序，目前几乎所有相关软件都支持它。GIF文件采用无损压缩存储，在不影响图像质量的情况下，可以生成体积很小的文件。GIF格式的另一个特点是在一个GIF文件中可以存多幅彩色图像，把这些多幅图像数据逐幅读出并显示到屏幕上，就可构成一种最简单的动画。因此GIF动画仍然是图片文件格式，这种文件支持透明背景图像，体型很小，适用于多种操作系统，在网络上下载速度很快，网络上很多比较简单的动画如QQ表情动画和网站logo、链接图标等，都是使用GIF动画制作的。如图3-9所示的是闪吧的通栏广告，由三幅静态图像组成。

图3-9　www.flash8.net　GIF动画

Flash动画拥有着许多与众不同的优点，这使得它成为网络上最流行的一种动画形式。Flash动画具有的优点如下：

（1）采用矢量图和流媒体技术。与位图不同的是，矢量图具有缩放不失真、文件体积小的特点。流媒体技术使得动画可以一边下载一边播放，避免了浏览者的焦急等待。

（2）可以将音乐、音效、动画等多种媒体有机结合，表现力很强，动画效果令人叹为观止。

（3）通过本身的ActionScript脚本语言可以实现很强的交互性和更为丰富自然的动画效果。强大的动画编辑功能，使得设计者可以随心所欲地设计出高品质的动画。

如图3-10所示的网站，Flash动画营造出极具个性的艺术效果，并且提供了14种背景音乐可供选择，很好地丰富了用户体验。

JavaScript是为适应动态网页制作的需要而诞生的一种新的编程语言，可以直接对用户的输入做出响应，JavaScript特效动画使得网页和用户之间实现了一种交互性的关系，使网页可以包含更多活跃的元素和更加精彩的内容。如图3-11所示网页中通过鼠标点击实现图片轮播以及鼠标放在导航栏上按钮发生变化，这些特效动画都是根据用户的交互行为产生的。

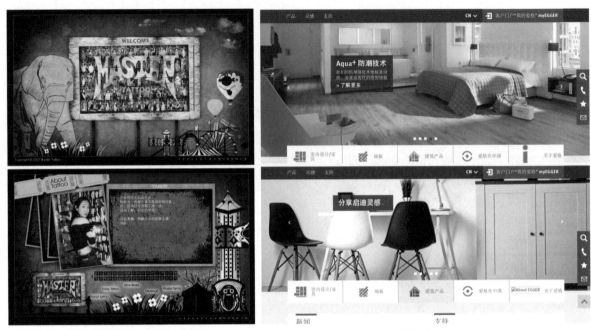

图 3-10　www.mastertattoo.com.tw　Flash 动画　　　图 3-11　www.egger.com　JS 特效动画

三. 网页动画设计流程

网页动画的设计流程并非一个绝对的过程，对于一些小规模的动画，或者很有经验的设计师来说，并不会严格遵守标准流程。但对于全站动画、片头动画等结构复杂的动画以及对于初学者来说，以下流程可以规范所设计的作品，可以在创作过程中少走弯路。

1. 前期准备

前期准备工作包括创意构思、剧本创作、形象设计和技术实验四个部分。完善的创意构思是我们开展网页动画创作工作的第一步，这些构思包括动画的主题、风格、效果和技术等多个方面。动画创作一定要围绕一个精炼的主题，避免做成一个动态效果大杂烩。然后依据主题内容性质确定适当的艺术风格，再根据确定好的风格来构思主要效果。最后要对效果的实现进行技术规划。

在构思之后，我们需要进行文字剧本创作。如果动画的故事性比较强，那我们创作的就是叙事性的文学剧本；如果是强调动画的展示效果，那剧本就是按动画时间线对技术效果的阐述。

有了文字剧本之后，就要进行动画视觉形象设计了。对应于动画片创作中的场景设计和角色设计，网页动画中的视觉形象设计也包括背景设计和主体形象设计。通常画面的动态效果应重点安排在主体形象上，背景往往没有太多的动态变化，这样才能达到动静有度、有主有次的画面效果。

前期准备的最后一个阶段是技术实验。对于一些独立的技术效果，应该先进行简单的模拟实验，实验不需要追求效果的艺术性，而是重在技术测试，证明这种效果能够实现。如果多种技术测试都不能实现效果，那么我们就需要回头重新进行效果构思了。

2. 分镜头设计

文字剧本和视觉形象都确定好之后，就可以进行分镜头设计了。简单来说，就是把动画中重要的镜头制作出静态图片，这样连贯起来看，就可以看到动画的概貌了。要注意的是，客户不是动画创作人员，他们也许不习惯把分镜头连贯地想象成一个动画，因此对于比较复杂的动画，我们在与客户沟通中，最好制作出分镜头演示文稿。在演示文稿中，对分镜头加以文字说明，对各个画面的动画转换进行描述，这样更有利于客户对分镜头的理解。

3. 动画制作

现在一切准备就绪，可以进入制作环节了。根据效果设计、技术规划的不同，具体制作方法也不同。但所有的动画制作都包括背景制作、主体形象制作、声音制作和动画合成四个方面的工作。如果分镜头制作得比较充分，背景制作和主体形象制作的工作量就会少很多。声音能够很好地渲染气氛，增强网页动画的效果。网页动画中声音的设计要注意两点：一是要根据动画的主题来选择音乐，这样才能达到更好地表现设计主题的目的；二是根据动画类型来决定是否添加声音。声音一般添加在网页片头动画和首页动画中，像一些小动画比如网页 Banner 广告动画一般不添加声音，因为这些小动画播放时间一般不长，而且页面上往往有多个小动画，如果各自添加声音，会给用户造成很混乱的听觉体验。使网页动画真正动起来的工作是在动画合成环节完成的，动画合成时，特别要注意节奏的把握，使画面的运动节奏和音乐的韵律感保持一致。这就需要不断地尝试和调整，直到达到满意的效果为止。

第二节 教学项目：旅游信息网动画制作

一、旅游信息网 GIF 动画制作

STEP1：执行菜单"文件"→"打开"命令，打开本章"GIF 动画"文件夹里"素材"文件夹中的"sky.jpg"图像文件，将其存储为"jpyd.psd"文件。

STEP2：使用"横排文字工具" T，"字符"面板参数如图 3-12 所示，输入文字"南通机票预订"，效果如图 3-13 所示。

STEP3：单击"图层"面板上的"添加图层蒙版" ◘ 按钮，为文字添加图层蒙版。使用"矩形选框工具" ⬚ 绘制

图 3-13 添加文字

图 3-12 字符面板　　图 3-14 添加飞机图片

一个覆盖住文字的选框。设置前景色为"#000000"，使用"油漆桶工具" 🪣 以前景色填充选区。按 Ctrl+D 组合键取消选区。

STEP4：执行菜单"文件"→"打开"命令，打开本章"素材"文件夹中的"plane.png"图像文件，将其拖至"jpyd.psd"窗口中，放置到合适位置，效果如图 3-14 所示。

STEP5：选择背景图层，单击"图层"面板上的"创建新的填充或调整图层" ◕ 按钮，选择"色彩平衡"，在弹出的对话框中设置参数如图 3-15 所示。

STEP6：执行菜单"窗口"→"时间轴"命令，打开时间轴面板，点击面板中央的"创建视频时间轴"，进入时间轴制作面板。

STEP7：在"时间轴"面板上选中"图层1"，单击图层1前面的三角按钮，打开下拉菜单。移动播放头 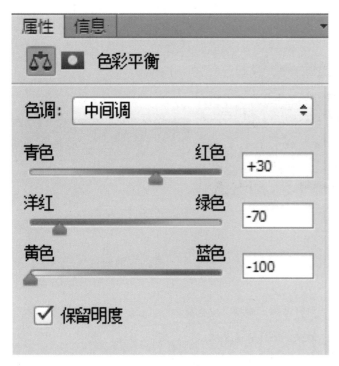 至00：00f处，单击下拉菜单中"位置"前面的"启动关键帧动画" ，在00：00f处创建第一个关键帧，如图3-16所示。使用"移动工具" 在画布中把飞机图像移出画面的左边界。

STEP8：把播放头 移至02:20f处，单击"位置"前面的"在播放头处添加或移去关键帧" 按钮，在02:20f处创建第二个关键帧。使用"移动工具" 在画布中把飞机图像移出画面的右边界。单击"图层1"上方的"播放" 按钮即可看到飞机在画布上从左向右飞行的动画。

STEP9：把光标移至图层1时间轴的末端，如图3-17所示，当光标出现左右箭头时，按住鼠标拖动时间轴至04:00f处。用同样的方法把另外两个图层的动画结束时间也设为04:00f。

STEP10：在"图层1"的"不透明度"上00:00f、00:10f、02:10f和02:20f处分别创建关键帧，选中第一个关键帧，在"图层"面板上把图层1的不透明度调整为"0%"。用同样的方法在02:20f时把飞机的不透明度调整为"0%"，这样就制作出飞机渐现和渐隐的动画。

STEP11：在"南通机票预订"图层的"图层蒙版位置"上01:00f和02:20f处分别创建关键帧。选中02:20f处的关键帧，在"图层"面板上选择"南通机票预订"图层，取消图层蒙版与图层的链接，单击图层蒙版缩略图，选中图层蒙版，使用"移动工具" 向右移动蒙版，直至文字全部显示出来。单击"时间轴"面板上的"播放" 按钮即可看到随着飞机的飞行文字逐渐出现的动画，如图3-18所示。

STEP12：在"南通机票预订"图层的"不透明度"上03:20f和04:00f处分别创建关键帧，用前面同样的方法在04:00f处把文字的不透明度调整为"0%"，使文字渐隐。

图3-15　色彩平衡调整图层

图3-16　创建位置关键帧

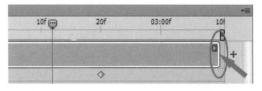

图3-17　调整时间轴

图3-18　文字动画

STEP13: 在"色彩平衡"图层的"不透明度"上 01:00f、02:20f、03:20f 和 04:00f 处分别创建关键帧，在 02:20f 和 03:20f 处把图层的不透明度调整为"0%"，在 04:00f 处把图层的不透明度调整为"100%"，制作出随着文字的显现和隐去背景逐渐变亮再变暗的动画。

STEP14: 执行菜单"文件"→"存储为 Web 所用格式"命令，在打开的对话框中把"优化的文件格式"设为"GIF"，"动画"的"循环选项"设为"永远"，如图 3-19 所示。

STEP15: 单击"存储"按钮，在弹出的对话框中设置好动画的保存路径和文件名，即可存储动画为 GIF 格式，这样就可以将 GIF 动画图片插入网页中应用了。

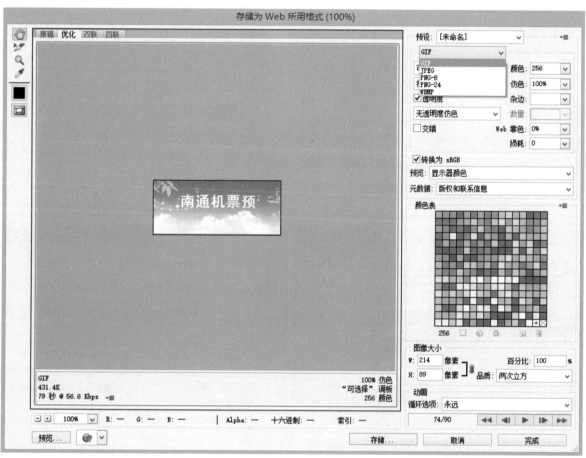

图 3-19　输出为 GIF 格式的动画

二、旅游信息网 JavaScript 动画制作

STEP1: 新建文件夹"JS 动画"，打开本章"JS 动画"文件夹，复制其中的"pic"文件夹至新建的"JS 动画"文件夹下。

STEP2: 启动 Dreamweaver，在开始页中单击"新建"栏中的"HTML"选项，新建一个空白静态网页文档，如图 3-20 所示。

STEP3: 按 Ctrl+J 组合键打开"页面属性"对话框，在"页面字体"下拉列表中选择"编辑字体列表"，如图 3-21 所示，打开"编辑字体列表"对话框。

图 3-20　新建网页文档　　　　　　　　　　　图 3-21　设置页面字体

STEP4：在对话框上"可用字体"的列表中找到"宋体"并双击，即可添加到"字体列表"，如图 3-22 所示，点击"确定"关闭对话框。

STEP5：回到"页面属性"对话框，此时的"页面字体"下拉列表中已添加字体"宋体"，选择"宋体"，其他的参数设置如图 3-23 所示，单击"确定"按钮，关闭对话框。

STEP6：按 Ctrl+S 组合键保存网页至"JS 动画"文件夹下，命名为 roll.html，如图 3-24 所示。

图 3-22　添加字体　　　　　　　　　　　　图 3-23　"页面属性"对话框

图 3-24　保存文件

图 3-25　插入 Div 标签

STEP7：将光标置于文档窗口中，在右侧"插入"面板的"常用"选项卡中单击"插入 Div 标签" 插入 Div 标签 按钮，打开"插入 Div 标签"对话框，在"ID"文本框中输入"demo"，如图 3-25 所示。单击"确定"按钮，插入 Div 标签。

STEP8：切换至代码视图，在代码 id="demo" 后，插入一个空格，然后输入代码：style="overflow:hidden; width:745px"，如图 3-26 所示。

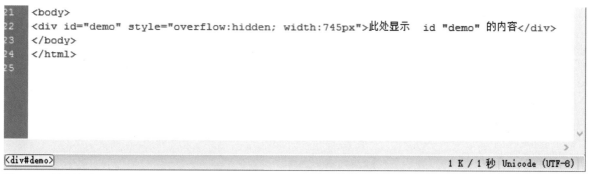

```
21  <body>
22  <div id="demo" style="overflow:hidden; width:745px">此处显示  id "demo" 的内容</div>
23  </body>
24  </html>
25
```

`<div#demo>`   1 K / 1 秒 Unicode (UTF-8)

图 3-26　输入代码

STEP9：切换到设计视图，删除文字"此处显示 id "demo" 的内容"。在右侧"插入"面板的"常用"选项卡中单击"表格" 表格 按钮，打开"表格"对话框，参数设置如图 3-27 所示，单击"确定"，插入一个表格。在"属性"面板中将此表格标记为表格 1，如图 3-28 所示。

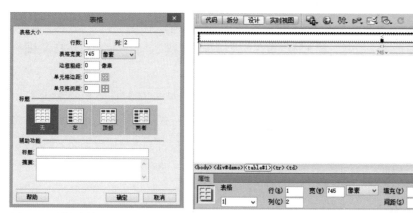

图 3-27　插入表格　　　　图 3-28　标记表格

STEP10：在第一个单元格内单击，在"属性"面板中把第一个单元格的"ID"设为"demo1"，如图 3-29 所示。用同样的方法把第二个单元格"ID"设为"demo2"。

STEP11：在第一个单元格内单击，在右侧"插入"面板的"常用"选项卡中单击"表格" 表格 按钮，打开"表格"对话框，参数设置如图 3-30 所示，单击"确定"，插入一个表格。在"属性"面板中将此表格标记为表格 2。

STEP12：在表格 2 的第二行第一个单元格里单击并按住鼠标向右拖拉，选中第二行的所有单元格。

在"属性"面板上设置单元格内容对齐方式和单元格高度,参数设置如图 3-31 所示。

图 3-29 设置单元格 ID

图 3-30 插入表格

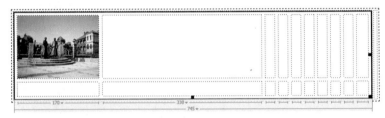

图 3-31 设置单元格参数

图 3-32 插入单元格内容

STEP13:在表格 2 的第一行第一个单元格里单击,在右侧"插入"面板的"常用"选项卡中单击"图像"按钮,插入根目录下的"pic\JD-01.jpg"图片。将光标放置在单元格右侧虚线上,当光标出现左右箭头时,按住鼠标向左拖拉,调整单元格宽度与图片同宽,如图 3-32 所示。

STEP14:切换到"代码"视图,复制代码"<td width="170"><img src="pic/JD-01.jpg" width="170" height="128" /></td>",选中下面一行代码,按 Ctrl+V 组合键粘贴代码,并把其中的"JD-01.jpg"修改为"JD-02.jpg",这样第二个单元格中就插入了图片"JD-02.jpg"。用同样的方法修改下面 8 行代码,修改后代码如下:

```
<tr>
        <td width="170"><img src="pic/JD-01.jpg" width="170" height="128" /></td>
        <td width="170"><img src="pic/JD-02.jpg" width="170" height="128" /></td>
        <td width="170"><img src="pic/JD-03.jpg" width="170" height="128" /></td>
        <td width="170"><img src="pic/JD-04.jpg" width="170" height="128" /></td>
        <td width="170"><img src="pic/JD-05.jpg" width="170" height="128" /></td>
        <td width="170"><img src="pic/JD-06.jpg" width="170" height="128" /></td>
        <td width="170"><img src="pic/JD-07.jpg" width="170" height="128" /></td>
        <td width="170"><img src="pic/JD-08.jpg" width="170" height="128" /></td>
        <td width="170"><img src="pic/JD-09.jpg" width="170" height="128" /></td>
```

```
<td width="170"><img src="pic/JD-10.jpg" width="170" height="128" /></td>
</tr>
```

STEP15: 切换到"设计"视图,在表格2的第二行的10个单元格里分别输入"博物苑""赶海""观音塔""濠河""濠南别业""军山""狼山""寿星园""文昌阁""园博园",完成后效果如图3-33所示。

图3-33　添加其他单元格内容

STEP16: 切换到代码视图,在 </div> 标签的前面单击。执行菜单"插入"→"HTML"→"脚本对象"→"脚本"命令,打开"脚本"对话框,在其中的"内容"文本框中输入JavaScript代码,可从本章"素材\横向滚动图片脚本.txt"文件中复制代码到文本框内。如图3-34所示。单击"确定"按钮,脚本代码将插入在网页的源代码中。

STEP17: 按 Ctrl+S 组合键保存文件,按 F12 键在浏览

图3-34　脚本对话框

器中预览效果。图像向左循环滚动,当鼠标指针移到图像上时,图像停止滚动;当鼠标指针移出图像时,图像又开始循环滚动。

三、旅游信息网 Flash 动画制作

STEP1: 启动 FLash,进入 FLash 操作界面。单击"新建"→"ActionScript3.0",新建一个 FLash AS3.0 文档,如图 3-35 所示。按 Ctrl+S 组合键保存文件,命名为 banner.fla。

STEP2: 在属性面板上设置文档大小为 1004 像素 ×422 像素,如图 3-36 所示。

STEP3: 执行菜单"文件"→"导入"→"导入到舞台"命令,在弹出的"导入"对话框中选择本章"Flash 动画"文件夹里"素材"文件夹中的"shuihuiyuan.jpg"图像文件,单击"打开"按钮,导入图像到舞台。在属性面板上设置图像位置为"X: 0.00、Y: 0.00",如图 3-37 所示。

图 3-35　新建文档

图 3-36　设置文档大小

图 3-37　调整图像位置

图 3-38　转换为影片剪辑元件

图 3-39　元件编辑界面

STEP4：将图层 1 重命名为"风景"。在风景图像上单击鼠标右键，从弹出的菜单中选择"转换为元件"命令，打开"转换为元件"对话框。设置参数如图 3-38 所示，单击"确定"按钮，将其转换为影片剪辑元件。

STEP5：双击舞台上的"fengjing"实例，进入该元件的编辑界面，如图 3-39 所示。在风景图像上单击鼠标右键，从弹出的菜单中选择"转换为元件"命令，在打开的对话框中设置名称为"shuihuiyuan"，类型为"图形"，将其转换为图形元件。

STEP6：将图层 1 重命名为"水绘园"，在时间轴第 226 帧按 F5 键插入帧。在水绘园图像上单击鼠标右键，从弹出的菜单中选择"创建补间动画"命令。当前图层被转换为"补间"图层，图层图标变成补间图层图标并且其中的帧被设置为蓝色，如图 3-40 所示。

图 3-40　创建补间动画

STEP7：把红色播放头移动至第 72 帧，使用"选择工具" 选中舞台上的水绘园图像，在属性面板上调整实例的 Alpha 值为"0%"，如图 3-41 所示。

STEP8：把播放头移动至第 48 帧，调整实例的 Alpha 值为"100%"，创建从 48 帧到 72 帧水绘园图像渐隐的动画，如图 3-42 所示。

图 3-41　调整实例 Alpha 值　　　　图 3-42　水绘园渐隐动画

STEP9：新建图层并命名为"濠河"，执行菜单"文件"→"导入"→"导入到舞台"命令，把本章"素材"文件夹中的"haohe.jpg"图像文件导入到舞台，并在属性面板上设置图像位置为"X：0.00、Y：0.00"。

STEP10：在濠河图像上单击鼠标右键，从弹出的菜单中选择"转换为元件"命令，将其转换为名称为"haohe"的"图形"元件。

STEP11：在濠河图像上单击鼠标右键，从弹出的菜单中选择"创建补间动画"命令。将鼠标光标移到第 1 帧上，当光标变成左右箭头时，按住鼠标拖动至第 48 帧，如图 3-43 所示。

STEP12：使用"选择工具"  选中舞台上的濠河图像，在属性面板上调整实例的 Alpha 值为"0%"。把红色播放头移动至第 72 帧，调整实例的 Alpha 值为"100%"，移动播放头预览濠河图像渐现动画，如图 3-44 所示。

图 3-43　移动补间动画

图 3-44　濠河风景渐现动画

STEP13：把播放头移动至第 144 帧，调整实例的 Alpha 值为"0%"。把播放头移动至第 120 帧，调整实例的 Alpha 值为"100%"，在第 120 帧到第 144 帧创建濠河图像渐隐的动画。在第 145 帧单击并拖动光标至第 226 帧，在选中的帧上单击右键选择"删除帧"。

STEP14：新建图层并命名为"狼山"，用同样的方法导入本章"素材"文件夹中的"langshan.jpg"图像文件并制作图像渐现和渐隐的动画，时间轴如图 3-45 所示。

图 3-45　狼山图层时间轴

STEP15：锁定狼山图层，回到水绘园图层。把播放头移动至第 226 帧，调整实例的 Alpha 值为"100%"。把播放头移动至第 192 帧，调整实例的 Alpha 值为"0%"，在第 192 帧到第 226 帧创建水绘园图像渐现的动画，如图 3-46 所示。

STEP16：单击舞台上方的场景  场景 1 按钮，返回场景 1。新建一层命名为"海宝"，执行菜单"文件"→"导入"→"导入到舞台"命令，把本章"素材"文件夹中的"haibao.png"图像文件导入到舞台，并在属性面板上设置图像位置为"X：62.00、Y：0.00"。在"海宝"图像上单击鼠标右键，从弹出的菜单中选择"转换为元件"命令，将其转换为名称为"haibao"的"图形"元件。

STEP17：新建一层命名为"中文"，导入本章"素材"文件夹中的"text1.png"图像文件到舞台，设置图像位置为"X：168.00、Y：25.00"，并将其转换为名称为"text1"的"图形"元件。

STEP18：新建一层命名为"英文"，导入本章"素材"文件夹中的"text2.png"图像文件到舞台，设置图像位置为"X：173.00、Y：69.00"，并将其转换为名称为"text2"的"图形"元件，效果如图 3-47 所示。

图 3-46　水绘园渐现动画

图 3-47　添加 banner 其他元素

STEP19：在"英文"图层的第 35 帧单击并向下拖动光标至"风景"图层的第 35 帧松开鼠标，按 F5 键同时在四个图层插入帧，将四个图层延长至第 35 帧。

STEP20：在风景图像上单击鼠标右键，从弹出的菜单中选择"创建补间动画"命令。在第 1 帧调整"fengjing"实例的 Alpha 值为"0%"，第 10 帧调整"fengjing"实例的 Alpha 值为"100%"。风景渐现的动画制作完毕，锁定风景图层。

STEP21：在"海宝"图像上单击鼠标右键，从弹出的菜单中选择"创建补间动画"命令。把鼠标光标移动到第 1 帧，单击并拖动到第 8 帧，将补间开始帧数调整到第 8 帧，如图 3-48 所示。

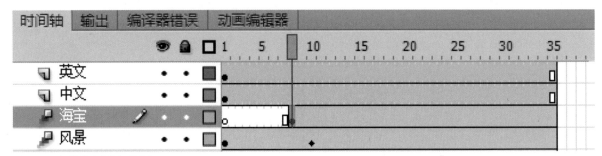

图 3-48　调整海宝图层时间轴

STEP22：选中"海宝"图层第 18 帧，按 F6 插入关键帧。移动播放头到第 8 帧，按住 Shift 键把海宝向上移出舞台，并调整"haibao"实例的 Alpha 值为"0%"，如图 3-49 所示。移动播放头到第 18 帧，选中舞台上的"haibao"实例，调整实例的 Alpha 值为"100%"。

STEP23：用同样的方法制作中文从右向左移动且渐现的动画，以及英文渐现的动画，时间轴如图 3-50 所示。

图 3-49　调整海宝位置和透明度

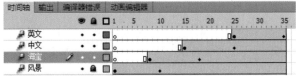

图 3-50　制作文字动画

STEP24：新建一层命名为"导航"，导入本章"素材"文件夹中的"navbg.png"图像文件到舞台，设置图像位置为"X：5.00、Y：368.00"，并将其转换为名称为"nav"的"影片剪辑"元件，如图 3-51 所示。

STEP25：双击舞台上的"nav"实例，进入该元件的编辑界面。将导航背景转换为名称为"navbg"的"图形"元件，将图层 1 重命名为"背景"，如图 3-52 所示。

STEP26：锁定"背景"图层，新建一层命名为"分割线"。导入本章"素材"文件夹中的"line.png"图像文件到舞台，设置图像位置为"X：5.00、Y：0.00"，并将其转换为名称为"line"的"图形"元件。

图 3-51　添加导航背景

图 3-52　编辑 nav 元件

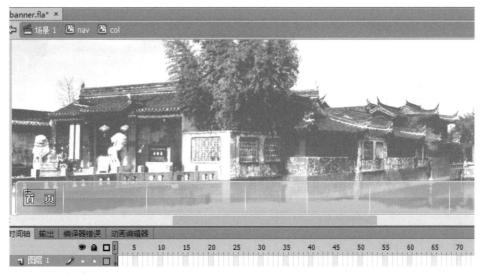

图 3-53　编辑 col 元件

STEP27：新建一层命名为"文字"，导入本章"素材"文件夹中的"shouye1.png"图像文件到舞台，设置图像位置为"X：19.50、Y：16.50"，并将其转换为名称为"col"的"影片剪辑"元件。

STEP28：双击舞台上的"col"实例，进入该元件的编辑界面，如图3-53所示。

STEP29：将首页文字图像转换为名称为"col1"的按钮元件，如图3-54所示，并将图层1重命名为"栏目"。

STEP30：双击舞台上的"col1"实例，进入该元件的编辑界面，如图3-55所示。

图3-54　转换为按钮元件

图3-55　编辑col1元件

STEP31：将图层1重命名为"文字"。分别在指针经过帧和按下帧按F6创建关键帧。执行菜单"文件"→"导入"→"导入到库"命令，把本章"素材"文件夹中的"shouye2.png"图像文件导入到库。

STEP32：在指针经过帧选中舞台上的首页文字图像，在"属性"面板上点击"交换"按钮，在弹出的交换位图对话框中选择"shouye2.png"图像文件，如图3-56所示。

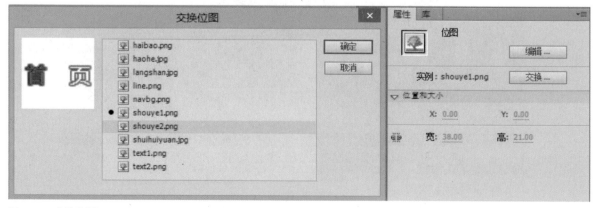

图3-56　交换位图

图 3-57　颜色面板

图 3-59　颜色面板

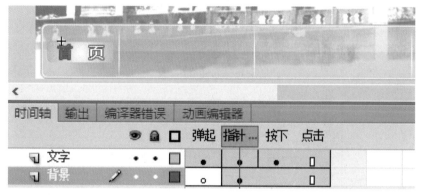

图 3-58　绘制矩形

STEP33：新建图层，命名为"背景"，把"背景"图层移至"文字"图层的下面。在"背景"图层的指针经过帧按 F6 创建关键帧。展开颜色面板，设置参数如图 3-57 所示。

STEP34：使用"矩形工具" ，在属性面板上设置"矩形边角半径"为"5.00"，在舞台上绘制一个圆角矩形，如图 3-58 所示。

STEP35：在"背景"图层上面新建"星星"图层，在"星星"图层的指针经过帧按 F6 创建关键帧。展开颜色面板，设置参数如图 3-59 所示。

STEP36：使用"椭圆工具"，在舞台上绘制一个圆形，在属性面板上设置其大小为"宽：14.00、高：14.00"。将其转换为名称为"starmove"的"影片剪辑"元件，如图 3-60 所示。

STEP37：双击舞台上的"starmove"实例，进入该元件的编辑界面。按 F8 快捷键将圆形转换为名称为"star"的"影片剪辑"元件。

STEP38：双击舞台上的"star"实例，进入该元件的编辑界面。按 F8 快捷键将圆形转换为名称为"shine"的"图形"元件，如图 3-61 所示。

STEP39：在第 20 帧按 F5 延长帧，右击舞台上的圆形，从弹出的菜单中选择"创建补间动画"命令。把播放头移动到第 1 帧，展开"变形"面板，宽高缩放设置为"177%"，如图 3-62 所示。

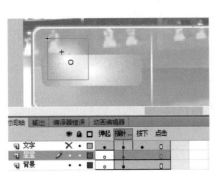

图 3-60　绘制圆形

图 3-61　编辑 star 元件

图 3-62　变形面板

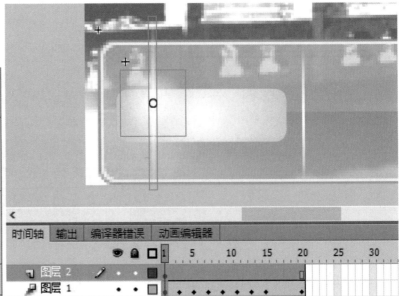

图 3-63　对齐对象

图 3-64　变形面板

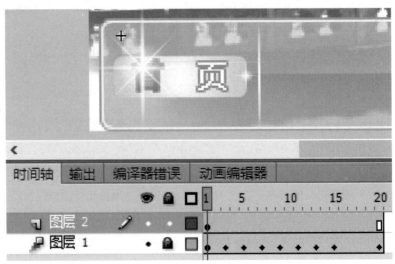

图 3-65　复制实例

STEP40：继续同样的操作，第 3 帧宽高缩放"172%"、第 5 帧宽高缩放"157%"、第 7 帧宽高缩放"133%"、第 9 帧宽高缩放"100%"、第 11 帧宽高缩放"127%"、第 13 帧宽高缩放"150%"、第 15 帧宽高缩放"165%"、第 20 帧宽高缩放"177%"。

STEP41：新建图层，从"库"中把"shine"元件拖到舞台上，在"变形"面板上设置其"缩放宽度"为"20%"、"缩放高度"为"400%"。同时选中图层 1 上的"shine"实例，在对齐面板上设置两个实例"水平中齐"和"垂直中齐"，如图 3-63 所示。

STEP42：选中图层 2 上的"shine"实例，按 Ctrl+C 组合键复制实例，再按 Ctrl+Shift+V 组合键原位粘贴实例。展开"变形"面板，设置参数如图 3-64 所示。

STEP43：继续同样的操作，创建其他"shine"实例并变形，效果如图 3-65 所示。

STEP44：单击舞台上方的 starmove 按钮，回到元件"starmove"的编辑界面。在图层 1 的第 40 帧按 F5 延长帧，右击舞台上的"star"实例，从弹出的菜单中选择"创建补间动画"命令。把播放头移至第 40 帧，然后把实例移到背景的右侧，如图 3-66 所示。

STEP45：新建图层，从"库"中把"star"元件拖到舞台上，放置在背景的右边，在"变形"面板上缩放实例的宽高为"26%"，如图 3-67 所示。右击舞台上的实例，从弹出的菜单中选择"创建补间动画"命令。把播放头移至第 10 帧，选中舞台上的实例，在"变形"面板上缩放实例的宽高为"115%"。接着把播放头移至第 16 帧，选中舞台上的实例，在"变形"面板上缩放实例的宽高为"74%"。

图 3-66　创建补间动画

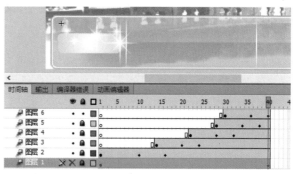

图 3-68　编辑 starmove 元件

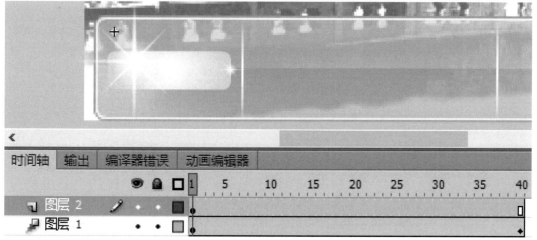

图 3-67　创建 star 实例

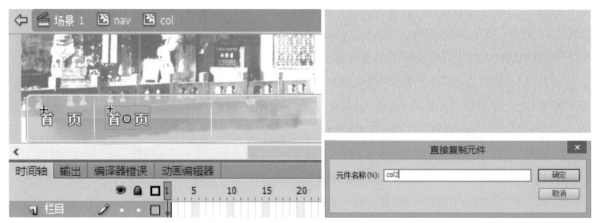

图 3-69 复制实例 图 3-70 直接复制元件

STEP46：使用同样的方法另外再创建 4 个闪烁的星星动画，分散放置在背景上不同的位置，如图 3-68 所示，注意每颗星星出场的时间变化，具体请参看配套光盘中的源文件。至此导航栏"首页"按钮效果制作完毕，按 Ctrl+Enter 组合键测试影片查看按钮效果。

STEP47：单击舞台上方的 col 按钮，回到元件"col"的编辑界面。执行菜单"文件"→"导入"→"导入到库"命令，把本章"素材"文件夹中其余 8 个栏目的栏目名图像文件导入到库，注意每个栏目有 2 个栏目名图像文件。

STEP48：选中舞台上的"col1"实例，按住 Alt 键向右拖动，复制实例至第 2 个栏目位置，如图 3-69 所示。

STEP49：右击复制过来的实例，在下拉菜单中选择"直接复制元件"。在弹出的"直接复制元件"对话框中把新元件命名为"col2"，如图 3-70 所示。

STEP50：双击舞台上的"col2"实例，进入元件编辑界面，如图 3-71 所示。

STEP51：选择"文字"图层"弹起"帧，选中舞台上的首页文字图像，在属性面板上点击"交换"按钮，将位图"shouye1.png"交换为"lygk1.png"。使用同样的方法把"指针经过"帧上的位图交换为"lygk2.png"，把"按下"帧上的位图交换为"lygk1.png"。

图 3-71 编辑 col2 元件 图 3-72 完成后的 col2 元件

STEP52: 删除"背景"图层"指针经过"帧上的矩形,重新绘制一个"宽: 110.00、高: 19.70"的圆角矩形。导航栏第二个栏目按钮完成,完成后效果如图 3-72 所示。

STEP53: 使用同样的方法制作出其余 7 个栏目,完成后效果如图 3-73 所示。

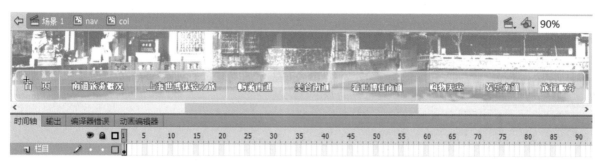

图 3-73   完成后的导航栏

STEP54: 单击舞台上方的 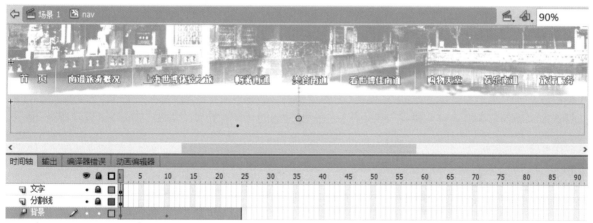 按钮,回到元件"nav"的编辑界面,锁定"文字"图层和"分割线"图层。右击舞台上的导航背景图像,在下拉菜单中选择"创建补间动画"。在第 10 帧按 F6 插入关键帧,在"属性"面板上调整背景图像 Alpha 值为"100%"。播放头移至第 1 帧,把背景图像移至舞台下方,并在"属性"面板上调整背景图像 Alpha 值为"0%",如图 3-74 所示。

图 3-74   创建导航背景补间动画

STEP55: 锁定"背景"图层,解锁"分割线"图层。右击舞台上的导航分割线图像,在下拉菜单中选择"创建补间动画"。将补间开始帧数调整到第 10 帧,并在"属性"面板上调整分割线图像 Alpha 值为"0%"。将播放头移至第 20 帧,并在"属性"面板上调整分割线图像 Alpha 值为"100%"。

STEP56: 锁定"分割线"图层,解锁"文字"图层。右击舞台上的导航文字图像,在下拉菜单中选择"创建补间动画"。将补间开始帧数调整到第 10 帧,在第 20 帧按 F6 插入关键帧,在"属性"面板上调整背景图像 Alpha 值为"100%"。播放头移至第 1 帧,把背景图像移至舞台下方,并在"属性"面板上调整背景图像 Alpha 值为"0%",如图 3-75 所示。

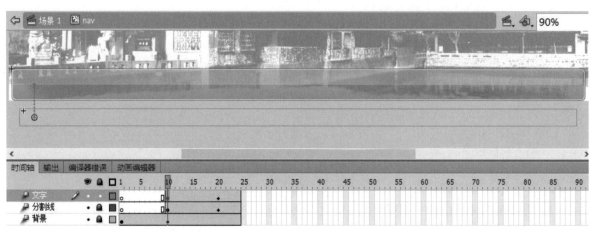

图 3-75　创建导航文字补间动画

STEP57: 新建图层并命名为"动作"，在第24帧按F6插入关键帧。右击第24帧, 在下拉菜单中选择"动作"，在打开的"动作"面板上输入脚本"stop();"，如图 3-76 所示。

图 3-76　添加脚本

STEP58: 单击舞台上方的场景 场景 1 按钮，返回场景 1。将"导航"图层的第 1 帧移至第 5 帧。新建图层并命名为"动作"，在第 35 帧按 F6 插入关键帧。右击第 35 帧，在下拉菜单中选择"动作"，在打开的"动作"面板上输入脚本"stop();"，时间轴如图 3-77 所示。至此，Banner 以及导航动画制作完成。

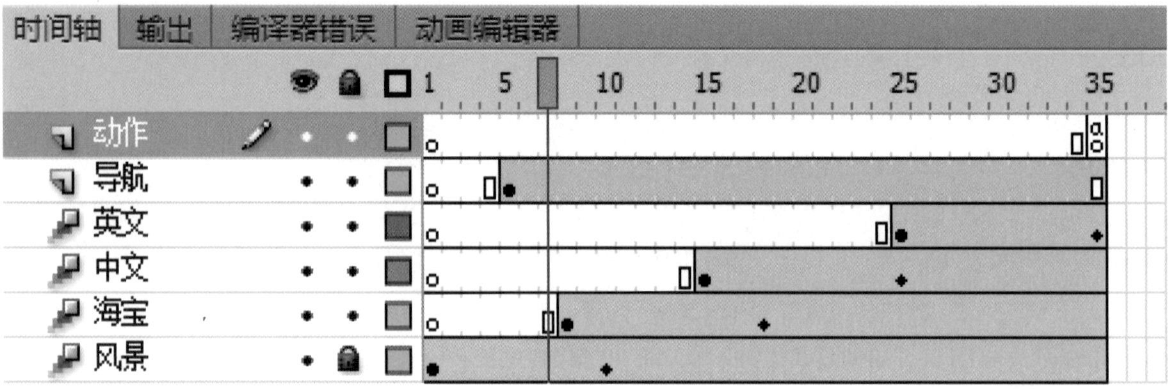

图 3-77　场景 1 时间轴

第三节　实践项目

一、习题

1. 填空题

（1）网页中的动画大致可以归纳为两类，一类是为树立品牌形象的_____、_____、_____，另一类是为提高网站交互体验的_____、_____、_____、_____。

（2）网页动画设计流程包括_____、_____、_____。

（3）前期准备工作包括_____、_____、_____、和_____四个部分。

2. 问答题

（1）GIF 动画的特点是什么？

（2）Flash 动画具有哪些优点？

二、项目实战

1. 实战项目要求

结合"项目流程一"和"项目流程二"的项目实战中完成的策划书和效果图，制作网页中的动画。制作技术不限，片头动画需提交分镜头设计。网页中大大小小动画的编排要有主有次，以实现动静有度的页面效果。动画风格要符合网站主题，同时要注意视觉形象的统一。

2. 学生作品案例（图 3-78）

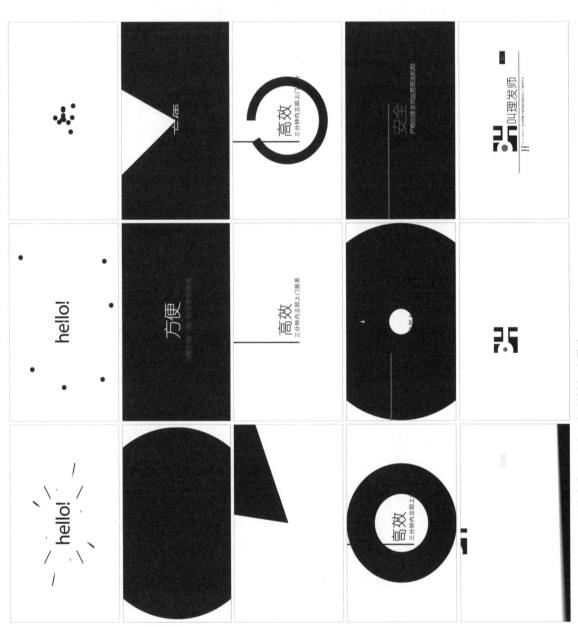

图 3-78　叫理发师网站片头动画／陈龙／指导教师　宋翠君

4

项目描述与分析

在网页效果图设计、网页动画制作的工作完成后，就可以进行网页后期制作了。在这个环节中，将使用 Dreamweaver 软件严格按照效果图制作出适用于互联网环境的静态页面，同时把上一章制作好的网页动画整合到网页中。

知识重点

1. 掌握 HTML 代码基础知识。

2. 掌握 CSS 代码基础知识。

3. 学会使用 Table+CSS 和 DIV+CSS 两种方式布局制作 html 页面。

知识难点

理解并掌握 HTML 和 CSS 基础知识，使用 DIV+CSS 技术制作网页。

第一节　网页代码基础

Dreamweaver 是一个功能强大的网页编辑制作工具，它为设计人员提供了设计视图，使设计人员直接面对页面最终效果，而非页面代码，这种可视化的编辑方式使网页制作变得很简单。但是当我们需要一些特殊的效果或者被一个莫名其妙的问题困扰时，最简单有效地解决方法，就是直接面对网页源代码。

一、HTML 基础

打开任何一个网页，查看它的源代码，就会看到一些有规律的英文代码，如图 4-1 所示。这些代码就是超文本链接标示语言（Hypertext Markup Language, 缩写 HTML）。"超文本"就是指页面内可以包含图片、链接、程序等非文字的元素，"标示"就是说它不是编程语言而是标记语言。HTML 实质是一种"排版"语言，也就是告诉浏览器"这是一张图片、那是一段文字"等信息，并没有逻辑处理，因此，HTML 远比编程语言简单明了得多。

1.HTML 文件基本结构

HTML 文档是由 HTML 元素构成的文本文件，这些元素是由 HTML 标签所定义的。HTML 标签是成对出现的，分为起始标签和结束标签，位于起始标签和结束标签之间的文本是元素的内容。标签就是告诉浏览器这个内容是何种元素。同时，标签可以有属性，属性为 HTML 元素提供附加信息。例如：

\<p align="center"\> 我的网页 \</p\>

在这段代码中,"我的网页"是在浏览器里显示出来的内容。\<p\>是段落起始标签,\</p\>是段落结束标签,这一对标签告诉浏览器这是个段落元素,因此,浏览器将按照段落元素的特性来显示"我的网页"这个文本内容。这里的 align="center" 是段落标签的对齐属性,添加了这个属性后,"我的网页"这个段落文本在浏览器中将以水平居中对齐的方式显示。

在这里我们要注意 HTML 语言的语法,只有严格遵循了语法规则的代码才能被正常显示:

(1)标签由英文尖括号 "\<" "\>"框起来,如 \<p\> 就是一个标签。

(2)绝大多数标签都是成对出现的,例如 \<p\> 和 \</p\>。第一个标签叫起始标签,第二个叫结束标签,结束标签只比起始标签多了一个"/"。

(3)属性的名称(name)和值(value)一起使用,格式为 name="value",如 align="center"。属性总是添加在 HTML 元素的起始标签中,如 \<p align="center"\>。

HTML 文件通过简单的文本编辑器即可创建,但必须使用 htm 或者 html 作为文件扩展名,如图 4-1 所示。

一个 HTML 文件是有固定格式的。在图 4-1 所示的代码中,第一个标签是 \<html\>,这个标签告诉浏览器这个 HTML 文件的开始点。最后一个标签是 \</html\>,表示这是 HTML 文件的结束点。

图 4-1　HTML 文件格式

位于 \<head\> 和 \</head\> 标签之间的文本是这个 HTML 文件的头信息。头信息不会显示在浏览器窗口中。

位于 \<title\> 和 \</title\> 标签之间的文本是这个 HTML 文件的标题。标题会显示在浏览器的标题栏。

位于 \<body\> 和 \</body\> 标签之间的文本就是网页内容,出现在浏览器显示窗口。

2. 常用的 HTML 标签

下面介绍页面制作过程中经常使用到的几种标签:

(1)标题

标题(Headings)标签有 6 个,从 \<h1\> 至 \<h6\>。\<h1\> 是定义最大的标题,\<h6\> 是定义最小的标题。HTML 会自动把标题文本以粗体显示并在标题前后添加一个折行,如图 4-2 所示。

图 4-2　标题标签

（2）段落

段落（Paragraphs）使用 <p> 标签进行定义，HTML 会自动在段落前后添加一个额外的空行。段落的行数依赖于浏览器窗口的大小，如果调节浏览器窗口的大小，将改变段落中的行数，如图 4-3 所示。

图 4-3　段落标签

（3）换行

当需要结束一行，而又不想开始一个新段落时，
 标签就派上用场了。
 标签不管放在什么位置，都会产生一个强制的换行。换行标签
 是空白标签，由于关闭标签没有任何意义，因此它没有类似 </br> 的结束标签，如图 4-4 所示。

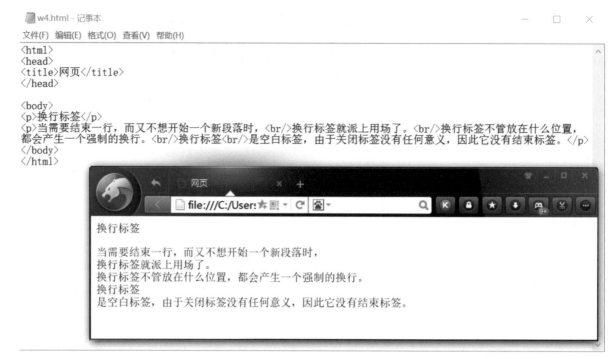

图 4-4　换行标签

（4）链接

HTML 文件通过锚标签 <a> 来创建链接。锚可以指向网络上的任何资源：一个 HTML 页面、一幅图像、一段声音或视频文件等。锚标签常用的属性有 href 属性、target 属性和 name 属性。

href 属性用于指定要链接到的地址。使用 href 属性时，锚的开始标签和结束标签之间的文字被作为超级链接来显示。例如：

```
<a href="https://www.baidu.com"> 百度 </a>
```

这里"百度"将显示为带超级链接的文本，点击后页面将跳转至百度网站首页。

target 属性为可选属性，表明此链接以何种方式打开。如果不定义此属性，默认在当前窗口内 ("_self ") 打开链接，下面的代码则表示在新窗口打开链接文档。

```
<a href="https://www.baidu.com" target=" _blank" > 百度 </a>
```

name 属性用于创建被命名的锚（named anchors）。当使用命名锚时，我们可以创建直接跳至页面中某个节的链接，这样使用者就无须不停地滚动页面来寻找他们需要的信息。使用 name 属性时，锚的开始标签和结束标签之间的文字不会显示为链接，而是被指定为要跳转到的地方。因此我们需要另外使用锚标签和 href 属性来创建指向此处的超级链接。例如：

```
<h1><a href="#bottom"> 点击到页面底部 </a></h1>
<p> 页面内容 1</p>
<p> 页面内容 2</p>
<p> 页面内容 3</p>
<p> 页面内容 4</p>
<p> 页面内容 5</p>
```

```
<p> 页面内容 6</p>
<p> 页面内容 7</p>
<p> 页面内容 8</p>
<p> 页面内容 9</p>
<p> 页面内容 10</p>
<h2><a name="bottom"> 页面底部 </a> </h2>
```

这段代码最后一行运用 name 属性创建了一个名字为 "bottom" 的锚点，第一行使用 href 属性创建了超级链接至 bottom 锚点，注意链接到命名锚点，需要加 "#" 号表示。请调小浏览器的高度，使这段代码在一屏内不能完全显示，然后单击 "点击到页面底部" 文本，页面将自动跳转至底部。这里实现的是当前页面内的跳转，如果将 "#" 和锚名称添加到 URL 的末端，就可以直接链接到指定页面的指定节，例如：

```
<a href="index.html#bottom"> 点击到首页底部 </a>
```

（5）图像

在 HTML 中，图像（Images）由 <img> 标签定义。<img> 是空标签，意思是说，它只包含属性，没有结束标签。

定义图像的语法是： <img src="url" /> 。这里使用的是源属性（src），src 指 "source"。源属性的值是图像的 URL 地址。

浏览器将图像显示在文档中图像标签出现的地方。如果图像标签位于两个段落之间，那么浏览器会首先显示第一个段落，然后显示图片，最后显示第二个段落。

图像标签另一个常用属性是替换文本属性（alt）。alt 属性用来为图像定义一串预备的可替换的文本，当图像不能显示的时候告诉浏览者这个图像是什么内容。给页面上的图像加上 alt 属性是一个好习惯，它有助于更好的显示信息，而且对纯文本浏览器或者关闭了图片显示功能的浏览器会很有用，如图 4-5 所示。

图 4-5　图像标签

149

（6）表格

表格（Tables）的本源作用是放置分类的数据。由于表格不仅可以控制单元格的宽度和高度，而且可以互相嵌套，从而保证各个页面元素放在预设的位置，因此在 HTML 和浏览器还不是很完善的时候，表格更多地被用来布局页面而非显示数据。

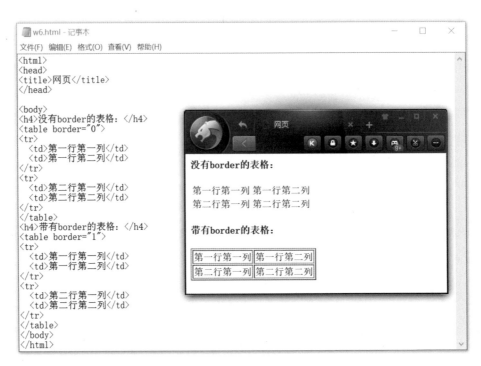

图 4-6　表格标签 border 属性

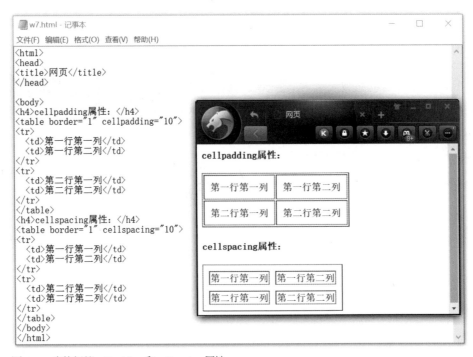

图 4-7　表格标签 cellpadding 和 cellspacing 属性

表格由 <table> 标签来定义。每个表格均有若干行（由 <tr> 标签定义），每行被分割为若干单元格（由 <td> 标签定义）。td 指表格数据（table data），也就是说数据是放置在单元格里，单元格里放置的数据类型可以是文本、图片、列表、段落、表单、水平线、表格等。

表格标签常用的属性有 border、cellpadding 和 cellspacing。border 属性用来定义表格的边框，如图 4-6 所示。cellpadding 属性定义单元格边沿与其内容之间的空白，cellspacing 属性定义单元格与单元格之间的空间，如图 4-7 所示。

表格的 <table>、<tr> 和 <td> 等标签都可以设置宽度（width）、高度（height）、对齐（align）、背景色（bgcolor）、背景图像（background）等多种属性，如图 4-8 所示。

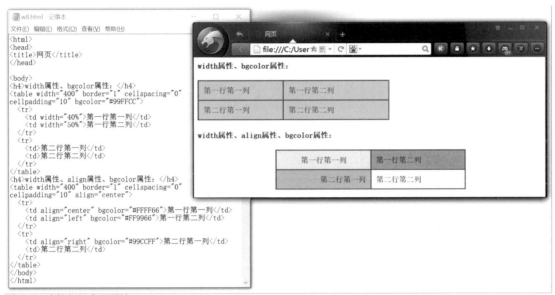

图 4-8　表格标签常用属性

表格标签内可以再嵌套标签，如嵌套段落（<p>）、列表（<ul>）、表格（<table>）等，如图 4-9 所示。

（7）层

层（div）标签可以把文档分割为独立的、不同的部分。它可以作为严格的页面组织工具，因为层（div）和表格、标题等标签不同，它没有实际的意义，只是一个"容器"，用来放置网页元素，然后利用 CSS 样式来控制其显示效果。<div> 是一个块级元素，这意味着它的内容自动地开始一个新行。实际上，换行是 <div> 固有的唯一格式表现，我们可以通过 <div> 的 class 或 id 应用额外的样式，例如在图 4-10 中，为了标示层的范围，给层添加了红色背景色样式。

（8）Span

<Span> 标签的作用和层类似，只是 <Span> 标签是应用在行内，用以定义行内一小块需要特别标示的内容。span 没有固定的格式表现，当对它应用样式时，它才会产生视觉上的变化，如图 4-11 所示。

（9）列表

在利用表格排版的时代，列表（Lists）的作用被忽略了，很多应该是列表的内容，被用表格来表现。随着 DIV+CSS 布局方式的推广，列表的地位变得重要起来，配合 CSS 样式表，列表可以显示成样式繁复的导航、菜单、标题等。

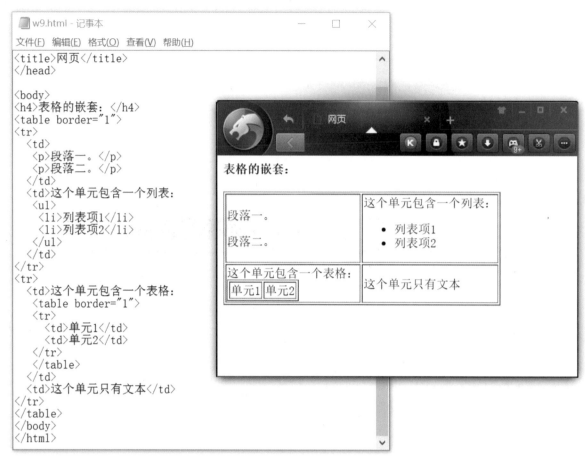

图 4-9　表格的嵌套

图 4-10　div 标签

图 4-11　span 标签

图 4-12　列表标签

　　列表有无序列表、有序列表和定义列表三种。每种列表的列表项目中均可以放置段落、换行符、图片、链接以及其他列表等。无序列表（Unordered Lists）始于 <ul> 标签，每个列表项始于 <li> 标签，无序列表项在浏览器里显示时，往往前面有黑色的圆点来表示。有序列表（Ordered Lists）始于 <ol> 标签，每个列表项同样始于 <li> 标签，有序列表项在浏览器里显示时，前面都有数字标记。定义列表（Definition

Lists）是项目及其注释的组合，定义列表以 <dl> 标签开始，每个被解释的项目以 <dt> 开始，每个解释的内容以 <dd> 开始，如图 4-12 所示。

（10）注释

注释标签用于在 HTML 源码中插入注释。注释会被浏览器忽略，不会显示出来。可以使用注释对代码进行解释以方便阅读和分析代码。注释的语法为：<!-- 注释内容 -->，注意左括号后需要写一个惊叹号，右括号前就不需要了。

以上这些标签是在制作页面时使用得比较多的，还有一些使用频率不太高的 HTML 标签这里不再介绍。HTML 是很简单的一种语言，只要弄清每个标签的含义，就能很容易理解其内容及作用。

二、CSS 基础

CSS（Cascading Style Sheets）被译为层叠样式表，用来定义如何显示 HTML 元素，是能够将样式信息与网页内容分离的一种标签性语言。它以 HTML 语言为基础，能够对网页中元素的排版进行像素级精确控制。不仅可以静态地修饰网页，还可以配合各种脚本语言动态地对网页各元素进行格式化。

CSS 具有很多特色和优点：提供了丰富的样式定义；可以将所有的样式声明统一存放、管理；多个页面可以使用同一个样式表，这样修改一个小的样式即可更新与之相关的所有页面元素；样式表的重复使用和单独存放极大地缩减了页面的体积，减少了页面下载的时间。

1. 如何创建 CSS

为 HTML 页面创建 CSS 样式有三种方法，具体可根据设计的不同要求来选择。

（1）创建外部样式表

当样式需要应用于很多页面时，我们使用外部样式表。外部样式是将 CSS 代码单独编写在一个独立文件中，需要调用样式的页面只需使用 <link> 标签链接到样式表。多个网页可以调用同一个样式文件，这样就使得网站的整体风格保持了和谐与统一，同时可以通过改变一个样式文件来改变整个站点的外观。因此外部样式表是使用频率最高，也是应用得最好的一种形式。

外部样式表实例如下：

```
<html>
<head>
<title> 我的网页 </title>
<link rel="stylesheet" type="text/css" href="mystyle.css" />
</head>
<body>
网页内容
</body>
</html>
```

如上面这段代码所示，在 HTML 文档的头部（<head> 与 </head> 之间）使用 <link> 标签链接了名称为"mystyle.css"的外部样式表，所以该页面能够调用 mystyle.css 文件中的所有样式。

（2）创建内部样式表

当单个文档需要特殊的样式时，就应该使用内部样式表。内部样式表是使用 <style> 标签在文档头部定义，与外部样式表不同的是，内部样式表的样式代码是编写在 HTML 页面之中而不是在独立的 CSS 文件中。内部样式表仅对当前页面起作用，如果一个网站的不同页面都希望采用相同的风格，使用内部样式表就得重复创建，会比较麻烦，因此，内部样式表仅适用于对特殊的页面设置单独的样式风格。

内部样式表实例如下：

```
<html>
<head>
<title> 我的网页 </title>
<style type="text/css">
  p {margin-left: 20px;}
  body {background-image: url("images/back.gif");}
</style>
</head>
<body>
网页内容
</body>
</html>
```

如上面这段代码所示，在 HTML 文档的头部（<head> 与 </head> 之间）使用 <style> 标签定义了一段样式代码，将该页面中段落元素的左外边距设为 20px，并给页面添加了名为"back.gif"的背景图。

（3）创建内联样式

当样式仅需要在一个元素上应用一次时，使用内联样式。内联样式是直接对 HTML 标签使用 style 属性，然后将 CSS 代码写在属性的值中。由于内联样式需要为每一个标签设置 style 属性，且页面元素内容和样式的代码混合在一起，导致后期维护工作量大、成本高，因此不推荐使用。

内联样式实例如下：

```
<html>
<head>
<title> 我的网页 </title>
</head>
<body>
<p style="margin-left: 20px;"> 段落内容 1</p>
<p > 段落内容 2</p>
</body>
</html>
```

如上面这段代码所示，内联样式直接用 style 属性写在元素的起始标签中。代码中第一个段落加了左外边距为 20px 的内联样式，因此显示时要比第二个段落缩进 20px。

如前所述，我们可以用多种方式创建样式，可以定义在单个的 HTML 元素中，也可以在 HTML 页的头元素中，或在一个外部的 CSS 文件中。甚至可以在同一个 HTML 文档内部引用多个外部样式表。

当同一个 HTML 元素被不止一个样式定义时，所有的样式会根据下面的顺序层叠于一个新的虚拟样式表中，排序越靠后越具有优先权：

①浏览器缺省设置

②外部样式表

③内部样式表

④内联样式

例如，页面调用的外部样式表对 p 进行了如下样式定义：

```
p {
  color: red;
  font-size: 8pt;
  margin-left: 20px;
}
```

而页面中的内部样式表定义了 p 的如下两个属性：

```
p {
  font-size: 14pt;
  margin-left: 10px;
}
```

那么该页面中 p 元素得到的样式是：

```
color: red; font-size: 14pt; margin-left: 10px;
```

2.CSS 的基本语法

CSS 语法由三部分构成：选择器、属性和值：selector {property: value}。

选择器（selector）指明了样式的作用对象，通常是你希望定义的 HTML 元素；属性（property）是你希望改变的属性，并且每个属性都有一个值；属性和值被冒号分开，并由花括号包围，这样就组成了一个完整的样式声明（declaration）。例如：

```
body {color: #000}
```

如果有多重声明则用分号隔开，例如：

```
p {
  font-size:14px;
  color: black;
  font-family: arial;
}
```

CSS 中的选择器有三种类型：标签选择器、类选择器和 ID 选择器。

标签选择器是直接对 HTML 中的元素标签进行样式定义，页面中所有的同一种元素都将使用定义的样式。如上面的代码就是对段落标签的样式定义，页面中所有的段落文字都将使用代码中定义的字号、颜色和字体。

　　在 HTML 中，元素可以定义一个 class（类）属性。当需要为多个对象定义同一种样式时，我们可以使用类选择器，即使这些对象属于不同的元素。例如：

```
<html>
<head>
<title> 我的网页 </title>
<style type="text/css">
    .center {text-align: center}
</style>
</head>
<body>
<h1 class="center"> 文本居中对齐的标题 </h1>
<p class="center"> 文本居中对齐的段落 </p>
</body>
</html>
```

　　上面这段代码中，h1 和 p 元素都有 "center" 类，这意味着两者都将遵守 ".center" 选择器中的规则。需要注意的是：类选择器以一个点号表示，类名可以自由命名，但类名的第一个字符不能使用数字。

　　HTML 支持使用元素的 ID 属性来标示元素的唯一性，当我们需要为某个 HTML 元素指定特定的样式时，可以使用 ID 选择器。例如：

```
<html>
<head>
<title> 我的网页 </title>
<style type="text/css">
    #red {color:red;}
    #green {color:green;}
</style>
</head>
<body>
<p id="red"> 这个段落文本是红色。</p>
<p id="green"> 这个段落文本是绿色。</p>
</body>
</html>
```

　　在上面的代码中，虽然都是段落元素，但是第一个 id 名为 "red" 的段落调用了 "#red" 选择器定义的样式，第二个 id 名为 "green" 的段落调用了 "#green" 选择器定义的样式，因此两个段落文本呈现不同的颜色。与类选择器不同的是，ID 选择器用 "#" 号来表示。

三、应用 CSS 美化网页

学习目的：掌握使用 DIV 布局简单页面，并应用 CSS 对页面元素进行控制。

案例展示：图片和文字是网页中最常用的元素，本实例将使用 CSS 对页面中的图片和文字进行排版。效果如图 4-13 所示。

图 4-13　实例效果

操作步骤：

STEP1：使用 Dreamweaver 软件打开本例原始文件"artland. html"。

可以看到网页内容均已插入到页面中，网页的基本框架做好了，但是整个页面很简陋，图片和文字的排列也较混乱，如图 4-14 所示。下面将利用 CSS 对页面进行全面的改进。先定义通用属性，把页面所有标签的

图 4-14　网页内容框架

margin、padding 和 border 属性全部定义为"0"。

STEP2：切换至"代码"视图，在 <head> 与 </head> 标签中间加上 <style> 与 </style> 标签，然后写入 CSS 代码：

```
<style type="text/css">
*{
margin: 0;
padding: 0;
border: 0;
}
</style>
```

下面对页面整体的 <body> 标签进行控制，将页面设置为黑色背景，并设置页面内容部分与页面顶部的距离，以及页面中文本的字体、字号和颜色。

STEP3：在 <style> 与 </style> 标签之间的通用属性样式后继续写入以下代码：

```
body{
background-color:#000;
padding-top:50px;
font-family: " 宋体 ", sans-serif;
font-size:12px;
color:#fff;
}
```

下面对页面内容部分总定位层"main"进行控制，添加背景色并设置宽、高尺寸，并使其在窗口中左右居中显示。

STEP4：在 <style> 与 </style> 标签之间的"body"样式后继续写入以下代码：

```
#main{
background-color:#295a46;
width:900px;
height:402px;
margin:0 auto;
}
```

按 Ctrl+S 组合键保存文件，按 F12 键在浏览器中预览，效果，如图 4-15 所示。下面对页面内容部分左定位层"left"进行控制，设置宽度、背景色以及左浮动属性。

STEP5：在 <style> 与 </style> 标签之间的"#main"样式后继续写入以下代码：

图 4-15　页面效果

```
#left {
width:417px;
background-color:#FFF;
float: left;
}
```

图 4-16　页面效果

按 Ctrl+S 组合键保存文件，按 F12 键在浏览器中预览，效果，如图 4-16 所示，可以看到"right"层中的文本内容已经流向右边。我们观察页面 HTML 代码，会看到"left"层中嵌套着"logo"和"flower"，分别放置网站 logo 和兰花图片。下面定义"logo"层的样式，设置其宽、高和背景色，网站 logo 字体与灰色块顶部有一定空间，可以用 padding-top 属性定义，"logo"层与父层"left"顶部有一定的距离，这里用 margin-top 定义，最后设置"logo"层的 float 属性，使下边的兰花图片流向网站 logo 的右侧。

STEP6：在 <style> 与 </style> 标签之间的"#left"样式后继续写入以下代码：

```
#logo {
width:180px;
height:80px;
background-color:#E9EEEC;
padding-top:20px;
margin-top:210px;
float:left;
}
```

按 Ctrl+S 组合键保存文件，按 F12 键在浏览器中预览，效果，如图 4-17 所示。下面定义"flower"层的样式，用 margin-left 设置兰花与 logo 之间的留白，并设置"flower"层的浮动属性。

STEP7：在 <style> 与 </style> 标签之间的"#logo"样式后继续写入以下代码：

```
#flower{
margin-left:23px;
```

图 4-17　页面效果

```
float:left;
}
```

按 Ctrl+S 组合键保存文件，按 F12 键在浏览器中预览，页面左侧效果已经完成。下面定义右侧"right"层的样式，设置其浮动属性、宽度，用 margin 属性精确定义其顶部、左边和右边的空白，"right"层里放置的都是文本，文本的字体、字号和颜色在前面"body"选择器中已经定义，样式会直接继承过来，这里只需定义文本的行距。

STEP8：在 \<style\> 与 \</style\> 标签之间的"#flower"样式后继续写入以下代码：

```
#right{
float:left;
width:398px;
margin-top:40px;
margin-left:25px;
margin-right:60px;
line-height:165%;
}
```

图 4-18　页面效果

按 Ctrl+S 组合键保存文件，按 F12 键在浏览器中预览，效果，如图 4-18 所示。文本最后有一个无序列表，下面美化列表项前小圆点的样式。

STEP9：在 \<style\> 与 \</style\> 标签之间的"#right"样式后继续写入以下代码：

```
#right li{
list-style:inside square;
}
```

按 Ctrl+S 组合键保存文件，按 F12 键在浏览器中预览效果，会看到列表项前的小圆点变成小方块并且缩进了，使得文本的排版更美观和整齐。为了让页面更漂亮，下面制作首字放大效果，为了对首字进行控制，先要将首字"深"放在"span"标签中。

STEP10：在 HTML 代码中找到"深"字，并在其前后加上"span"标签，完成后代码如下：

```
<p><span> 深 </span> 圳市亚兰联盟设计事务所是一家国际性专业景观规划设计公司……</p>
```

STEP11：在 \<style\> 与 \</style\> 标签之间的"#right li"样式后继续写入以下代码：

```
span{
float:left;
font-size:35px;
font-family:" 黑体 ";
margin:0px;
padding-right:5px;
```

```
padding-bottom:5px;
}
```

按 Ctrl+S 组合键保存文件。至此，整个页面的制作就完成了，按 <F12> 键在浏览器中预览，效果如图 4-13 所示。

第二节　教学项目：旅游信息网首页后期制作

一、切割设计稿

在制作页面之前，还需要在 Photoshop 中利用"切片工具" 切割设计稿，然后再在 Dreamweaver 中将切割出来的各部分重新组合。

STEP1：在 Photoshop 中打开制作好的首页设计稿"index.psd"文件，将前面制作好的 GIF 动画、JS 滚动图片动画以及 Flash 动画部分隐藏起来。栏目文字部分需要在 Dreamweaver 里制作，同样隐藏起来，如图 4-19 所示。

STEP2：按 Ctrl+H 组合键显示参考线，选取工具箱中的"切片工具"，将鼠标指针移动到图像窗口中，根据网页布局的需要，按照参考线对图像进行切割，如图 4-20 所示。

图 4-19　隐藏后效果

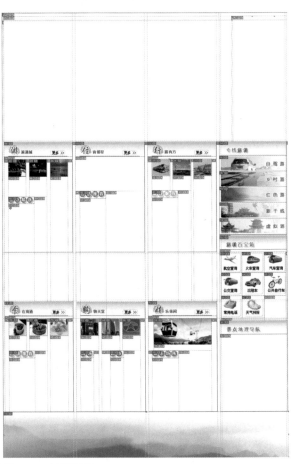

图 4-20　切割网页

【技巧】使用"切片工具"时，可结合使用"缩放工具"放大网页局部，提高图像切割的精确度，同时还可以使用"切片选择工具"选中某个切片并进行微调。

STEP3：执行菜单"文件"→"存储为 Web 所用格式"命令，打开"存储为 Web 所用格式"对话框，设置参数，如图 4-21 所示。

STEP4：单击"存储"按钮，打开"将优化结果存储为"对话框，在本地磁盘上新建一个文件夹命名为"expo"，保存在"expo"文件夹里，"格式"下拉列表选择"仅限图像"，"文件名"为"index.jpg"，如图 4-22 所示。

图 4-21　存储为 Web 所用格式

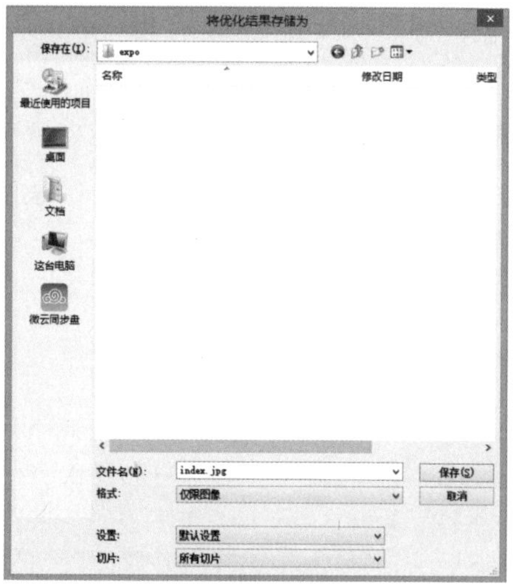

图 4-22　将优化结果存储为

STEP5：单击"保存"按钮，保存完毕会在"expo"文件夹中自动生成"images"文件夹，输出的所有切片图像都保存在"images"文件夹中。

STEP6：将前面制作的"banner.swf"和"jpyd.gif"两个动画文件复制到"images"文件夹中，同时把整个"pic"文件夹以及"roll.html"网页文件复制到"expo"文件夹下，这些文件在后面制作网页环节都将使用到。

二、Table+CSS 布局制作苗页

STEP1：启动 Dreamweaver，在开始页中单击"新建"栏中的"HTML"选项，新建一个空白静态网页文档。

STEP2：执行菜单"站点"→"新建站点"命令，在弹出的"站点设置对象 未命名站点"对话框中设置"站点名称"和"本地站点文件夹"，如图 4-23 所示。

STEP3：在"站点设置对象 expo"对话框的"高级设置"→"本地信息"中设置"默认图像文件夹"，如图 4-24 所示。

【提示】"D:\expo"为切片输出 Web 时创建的文件夹，如果读者设置了另外的磁盘和文件夹，则需要作相应的改变。

STEP4：按 Ctrl+S 组合键保存网页至站点根文件夹"expo"下，命名为 index.html，如图 4-25 所示。

图 4-23　设置站点名称和本地站点文件夹　　　　图 4-24　设置默认图像文件夹

图 4-26　设置页面属性

图 4-25　存储文件

图 4-27　设置网页标题

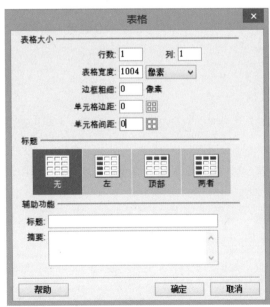

图 4-29　设置表格属性面板

图 4-30　设置单元格高度

图 4-31　添加单元格背景属性

图 4-28　设置表格对话框参数

STEP5: 按 Ctrl+J 组合键打开"页面属性"对话框，设置参数，如图 4-26 所示。

STEP6: 在"文档"工具栏中将"标题"设置为"世博一键通"，如图 4-27 所示。

STEP7: 在插入栏的"常用"选项卡中单击"表格"按钮，这时弹出"表格"对话框，设置参数如图 4-28 所示，单击"确定"按钮插入表格。

STEP8: 在"属性"面板的"对齐"下拉列表中选择"居中对齐"，将表格对齐到文档的中心，此表格标记为表格 1，如图 4-29 所示。

STEP9: 在设计视图上单元格内单击，选中单元格。把"属性"面板的"高"值设为"27"，如图 4-30 所示。

STEP10: 切换至代码视图，在代码 height="27" 后面插入一个空格，在弹出的下拉列表中选择"background"并双击，如图 4-31 所示，背景属性代码将自动添加。

STEP11: 单击"浏览"，在弹出的"选择文件"对话框中选择"index_01.gif"，单击"确定"，如图 4-32 所示。在设计视图任意位置单击，可以看到在单元格中，图像自动在 X 轴重复。

STEP12: 将光标置于表格 1 的单元格中，在插入栏的"常用"选项卡中单击"表格"按钮，在弹出的对话框中设置参数，如图 4-33 所示，单击确定插入一个"表格宽度"为"99%"的一行两列的表格。

图 4-32　添加单元格背景图像

图 4-33　设置表格对话框参数

STEP13: 在"属性"面板的"对齐"下拉列表中选择"居中对齐"，将表格对齐到表格 1 的中心，此表格标记为表格 2。

STEP14: 将光标置于表格 2 的第 1 个单元格中，在"属性"面板的"水平"下拉列表中选择"左对齐"，如图 4-34 所示。在单元格内输入文字"南通旅游信息网"。

STEP15: 将第 2 个单元格的"水平"设置为"右对齐"、"垂直"设置为"顶端"。在插入栏的"常用"选项卡中单击"图像"按钮，插入图像文件"index_04.gif"，并输入文字"繁体版"。继续用同样的方法插入图像和输入文字，然后切换至代码视图，在适当的位置输入空格符" "来微调单元格内容之间的间隔，完成后效果，如图 4-35 所示，第 2 个单元格的代码如下：

```
<td align="right" valign="middle"><img src="images/index_04.gif" width="4" height="4"
```

/> 繁体版   <img src="images/index_04.gif" width="4" height="4"
/> ENGLISH   <img src="images/index_04.gif" width="4"
height="4" /> 日本语 </td>

图 4-34　设置单元格对齐方式

南通旅游信息网　　　　　　　　　　　　　　　　　　　　　　　　· 繁体版　· ENGLISH　· 日本语

图 4-35　输入内容的表格 2

　　【技巧】由于表格 2 的第 2 个单元格"水平"设置为"右对齐"，输入文字后光标会比较难定位在单元格的右边。可以先定位在最后一个文字前面，然后再按向右的方向键移动光标，或者直接在代码窗口定位并制作后面的内容。

　　STEP16: 在"CSS 样式"面板上单击右下角的"新建 CSS 规则"按钮，弹出"新建 CSS 规则"对话框，设置参数如图 4-36 所示。

　　STEP17: 单击"确定"按钮，弹出"将样式表文件另存为"对话框，设置参数如图 4-37 所示。

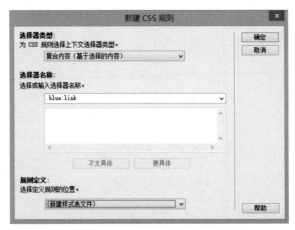

图 4-36　新建 CSS 规则

图 4-37　保存外部样式表文件

图 4-38　设置 CSS 规则

图 4-39　设置 CSS 规则

STEP18：单击"保存"按钮，弹出".blue:link 的 CSS 规则定义（在 style.css 中）"对话框，设置参数如图 4-38 所示。

STEP19：使用同样的方法设置 .blue:hover 的 CSS 规则，具体参数如图 4-39 所示。

STEP20：在设计视图中选中文字"繁体版"，将属性面板中的"链接"设为空链接"#"，"类"设为"blue"，如图 4-40 所示。使用同样的方法为后两个版本文字添加链接样式。

图 4-40　添加链接样式

图 4-41　插入表格 3

STEP21：将光标置于表格 1 的右边，插入一个表格，注意"行数"设置为"1"，"列"设置为"1"，"表格宽度"设置为"1004 像素"，"边框粗细""单元格边距""单元格间距"均设置为"0"。在"属性"面板中将表格对齐到文档的中心，此表格标记为 3，如图 4-41 所示。

【注意】后面如无特别说明，插入表格时"边框粗细""单元格边距"和"单元格间距"均设置为"0"。

STEP22：将光标置于表格 3 的单元格中，在插入栏的"常用"选项卡中单击"媒体：SWF"按钮，插入动画文件"banner.swf"。

STEP23：将光标置于表格 3 的右边，插入一个 2 行 1 列、宽度为 1004px 的表格，此表格标记为 4，并设置"对齐"为"居中对齐"，切换到代码视图，在代码 cellspacing="0" 后面插入一个空格，添加代码 bgcolor="#FFFFFF"，给表格 4 设置背景色为白色。

STEP24：将光标置于表格 4 的第 1 行，在"属性"面板上设置单元格"高"为"5"。切换到代码视图，删除此单元格代码 <td height="5"> </td> 中的 。将光标置于设计视图的单元格内，这时可看到单元格高度已调整为 5px，如图 4-42 所示。

```
62  <table width="1004" border="0"
    align="center" cellpadding="0"
    cellspacing="0" id="4">
63    <tr>
64      <td height="5"></td>
65    </tr>
66    <tr>
```

图 4-42　调整单元格高度

【注意】如果不删除单元格代码内的" "，那么单元格的高度将受页面字体字号的限制，无法设置为更小的数值。

STEP25：将光标置于表格 4 的第 2 行，插入一个 1 行 3 列、宽度为 99% 的表格，此表格标记为 5，并设置"对齐"为"居中对齐"。将光标置于表格 5 的第 1 个单元格，按住鼠标向右拖动，同时选取表格

5 的 3 个单元格，如图 4-43 所示，然后在"属性"面板上将"垂直"对齐方式设为"顶端"。

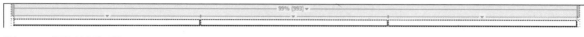

图 4-43　选取多个单元格

STEP26：将光标置于表格 5 的
第 3 列，在插入栏的"常用"选项卡
中单击"图像"按钮，插入图像文件
"index_43.gif"，拖动单元格的边
线来调整单元格的宽度，让其与图像
的宽度保持一致。将光标置于表格 5
的第 2 列，插入图像文件"index_42.
gif"，同样调整单元格宽度与图像一
致，如图 4-44 所示。

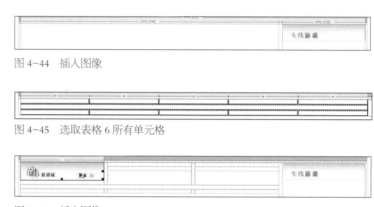

图 4-44　插入图像

图 4-45　选取表格 6 所有单元格

图 4-46　插入图像

STEP27：将光标置于表格 5 的
第 1 列，插入一个 3 行 5 列、宽度为 100% 的表格，此表格标记为 6。同时选取表格 6 第 2 行的 5 个单元格，
单击"属性"面板左下角的"合并所选单元格"按钮，将这 5 个单元格合并为一个单元格。同时选中表格
6 的所有单元格，在"属性"面板上将"垂直"对齐方式设为"顶端"，如图 4-45 所示。

STEP28：将光标置于表格 6 的第 1 行第 1 列，插入一个 2 行 1 列、宽度为 242px 的表格，此表格
标记为 7。将光标置于表格 6 的第 1 行第 3 列，插入一个 2 行 1 列、宽度为 242px 的表格，此表格标记为 8。
将光标置于表格 6 的第 1 行第 5 列，插入一个 2 行 1 列、宽度为 242px 的表格，此表格标记为 9。

STEP29：将光标置于表格 7 的第 1 行，在插入栏的"常用"选项卡中单击"图像"按钮，插入图像
文件"index_08.gif"，如图 4-46 所示。

STEP30：将光标置于表格 7 的第 2 行，在"属性"面板把单元格的"高"设为"338"。切换至
代码视图，在代码 height="338" 后面插入一个空格，添加代码 background="images/bg.gif"，给单元
格添加背景图像，如图 4-47 所示。

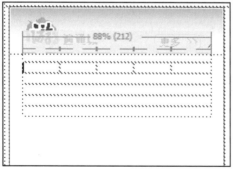

图 4-47　添加背景图像　图 4-48　拆分单元格　　　　　图 4-49　插入图像

STEP31：将光标置于表格 7 的第 2 行，在"属性"面板上将"垂直"对齐方式设为"顶端"，插入一个 6 行 1 列、宽度为 88% 的表格，并设置"对齐"为"居中对齐"。此表格标记为 10。

STEP32：将光标置于表格 10 的第 1 行，在"属性"面板上设置单元格"高"为"9"。切换到代码视图，删除此单元格代码 <td height="9"> </td> 中的 。

STEP33：将光标置于表格 10 的第 2 行，单击"属性"面板上的"拆分单元格为行和列"按钮，把单元格拆分为 5 列，如图 4-48 所示。

STEP34：分别在第 1 列、第 3 列和第 5 列中插入图像 index_18.gif、index_20.gif 和 index_22.gif，如图 4-49 所示。

STEP35：将光标置于表格 10 的第 3 行，在"属性"面板上设置单元格"高"为"15"。切换到代码视图，删除此单元格代码 <td height="15" colspan="5"> </td> 中的 。

STEP36：将光标置于表格 10 的第 4 行，在"属性"面板上设置单元格"水平"为"居中对齐"、"垂直"为"顶端"、"高"为"45"，并输入相应的文字内容。

STEP37：切换至代码视图，在文字"四日游"后面输入换行符
。然后在文档 <head> 部分的内部样式表中加入行高的样式定义，在代码 color: #000; 后换行，输入 line-height:150%;，完成后效果，如图 4-50 所示。

图 4-50　编辑文字

STEP38：在"CSS 样式"面板上单击右下角的"新建 CSS 规则"按钮，弹出"新建 CSS 规则"对话框，设置参数，如图 4-51 所示。

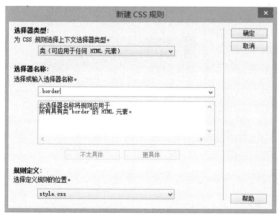

图 4-51　新建 CSS 规则

图 4-52　定义 CSS 规则

STEP39：单击"确定"按钮，在弹出的对话框中设置参数，如图 4-52 所示。单击"确定"按钮，完成设置。

STEP40：将光标置于表格 10 的第 4 行，在"属性"面板的"类"下拉列表中选择"border"样式表，为该单元格添加底部虚线框。按 F12 键在浏览器中预览，效果，如图 4-53 所示。

图 4-53　虚线效果

图 4-54　插入图像

图 4-55　编辑文字

图 4-56　住宿推荐、行路有方栏目效果

STEP41：将光标置于表格 10 的第 5 行，在"属性"面板上将单元格的"高"设置为"38"、"垂直"设置为"底部"，插入图像文件"index_45.gif"，如图 4-54 所示。

STEP42：将光标置于表格 10 的第 6 行，单击"属性"面板上的"拆分单元格为行和列"按钮，把单元格拆分为 7 行。同时选取这 7 行，在"属性"面板上将"高"设置为"20"。在第 1 行插入图像"index_51.gif"，然后在图像后面输入文字。用同样的方法制作下面 6 行的内容，效果，如图 4-55 所示。

STEP43：用前面同样的方法制作"住宿推荐""行路有方"两个栏目，效果，如图 4-56 所示。

【技巧】由于"游遍通城""住宿推荐"和"行路有方"三个栏目结构类似，因此可以直接复制制作好的"游遍通城"栏目粘贴至后面两个栏目的单元格内，然后相应替换、修改栏目内容，这样制作起来会更便捷。

STEP44：将光标置于表格 6 的第 2 行，单击"属性"面板上的"拆分单元格为行和列"按钮，把单元格拆分为 3 行，并将第 1 行和第 3 行的"高"设置为"5"。切换到代码视图，删除第 1 行和第 3 行单元格代码中的空格符" "。然后删除第 2 行单元格代码中的空格符" "，并输入如下代码：

```
<iframe src="roll.html" width="100%" marginwidth="0" height="175" marginheight="0" scrolling="no" frameborder="0" > </iframe>
```

这时，在设计视图可以看到灰色的导入框架，如图 4-57 所示。

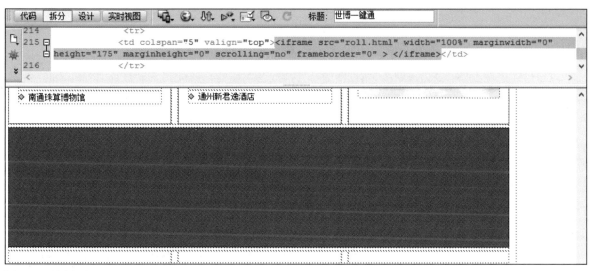

图 4-57　导入框架

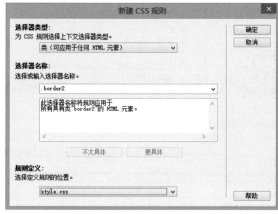

图 4-58　新建 CSS 规则　　　　　图 4-59　定义 CSS 规则

STEP45：在"CSS 样式"面板上单击"新建 CSS 规则"按钮，弹出"新建 CSS 规则"对话框，设置参数，如图 4-58 所示。

STEP46：单击"确定"按钮，在弹出的对话框中设置参数，如图 4-59 所示。单击"确定"按钮，完成设置。

STEP47：选中用于放置滚动图像的单元格，在"属性"面板的"类"下拉列表中选择"border2"样式表。按 F12 键在浏览器中预览，效果，如图 4-60 所示。

图 4-60　滚动图片栏目效果

STEP48：用前面同样的方法制作"食在南通""购物天堂"和"娱乐休闲"三个栏目，效果，如图4-61所示。

图 4-61　食在南通、购物天堂、娱乐休闲栏目效果

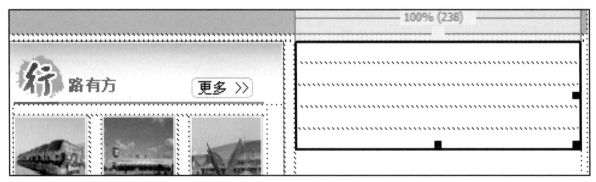

图 4-62　插入表格

STEP49：删除表格 5 第 2 列的图像"index_42.gif"，删除表格 5 第 3 列的图像"index_43.gif"，在第 3 列中插入一个 5 行 1 列、宽 238px 的表格，此表格标记为 11，如图 4-62 所示。

STEP50：将表格 11 的第 2 行和第 4 行的"高"设置为"5"，切换到代码视图，删除第 2 行和第 4 行单元格代码中的空格符" "。

STEP51：将光标置于表格 11 的第 1 行，插入一个 6 行 1 列、宽度为100%的表格，在这 6 行分别插入 6 个图像文件，效果如图 4-63 所示。

STEP52：将光标置于表格 11 的第 3 行，插入一个 2 行 1 列、宽 100%的表格，此表格标记为 12。在表格 12 的第 1 行插入图像"index_61.gif"，然后把光标置于表格 12 的第 2 行，在"属性"面板把单元格的"高"设为"247"。切换至代码视图，在代码 height="247" 后面插入一个空格，添加代码 background="images/bg2.gif"，给单元格添加背景图像，如图 4-64 所示。

图 4-63　专项旅游栏目效果

图 4-64　添加背景图像　　　图 4-65　旅游百宝箱栏目效果

图 4-66　景点地理导航栏目效果

图 4-67　脚注效果

STEP53：将光标置于表格 12 的第 2 行，在"属性"面板将"垂直"设为"顶端"。然后插入一个 4 行 1 列、宽度 96% 的表格，将光标置于第 1 行，在"属性"面板上设置单元格"高"为"9"。切换到代码视图，删除此单元格代码 `<td height="9"> </td>` 中的 ` `。接着将光标置于后面三行，分别插入图像文件，效果，如图 4-65 所示。

STEP54：使用同样的方法在表格 11 的第 5 行制作"景点地理导航"栏目，效果，如图 4-66 所示。

STEP55：将光标置于表格 4 的右边，插入一个 1 行 1 列、宽度为 1004px 的表格，此表格标记为 13，并设置"对齐"为"居中对齐"。

STEP56：将光标置于表格 13 内，在"属性"面板上设置单元格的"高"为"163"、"水平"为"居中对齐"、"垂直"为"居中"。输入文本内容，切换到代码视图，在文本"地址"前面输入换行符 `<br/>`，将文本内容修改为两行。然后在代码 `height="163"` 后面插入一个空格，添加代码 `background="images/index_127.gif"`，给单元格添加背景图像，如图 4-67 所示。至此页面制作完成。

三、DIV+CSS 布局制作苗页

本例继续使用"切割设计稿"章节中完成的切片。新建一个文件夹命名为"expo2"，把前面制作好的"expo"文件夹中的整个"images"文件夹（包括所有切片图像、banner.swf 和 jpyd.gif 两个动画）、整个"pic"文件夹以及"roll.html"页面文件复制到"expo2"文件夹下，下面使用 DIV+CSS 布局制作首页时将使用到这些文件。

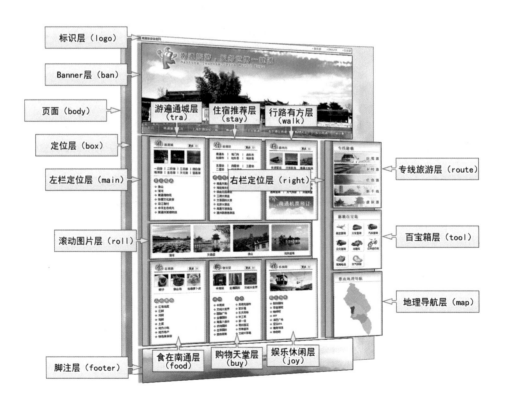

图 4-68　页面布局分析

1. 布局分析

在制作前先要观察效果图，对页面布局结构进行规划，考虑好如何利用层（div）来组合页面内容，如图 4-68 所示。

为了实现内容的整体居中和白色背景，需要一个总定位层（box）来放置所有内容。

内容部分首先是 logo 层放置网站名称和版本信息。

logo 层下面是 ban 层，放置网站 Banner 和导航的动画。

ban 层下面是页面栏目内容部分，分为左右并列的两个定位层，main 实现左栏定位，right 实现栏定位。其中 main 层里面嵌套 tra、stay、walk、roll、food、buy 和 joy 这 7 个层，分别放置 7 个栏目的内容；right 层里面嵌套 route、tool 和 map 这 3 个层，分别放置右边 3 个栏目的内容。

最底下是 footer 层，用来放置脚注内容。

2. 搭建 DIV 框架

STEP1：启动 Dreamweaver，建立一个新的 HTML 文档，定义新的静态站点，如图 4-69 所示。

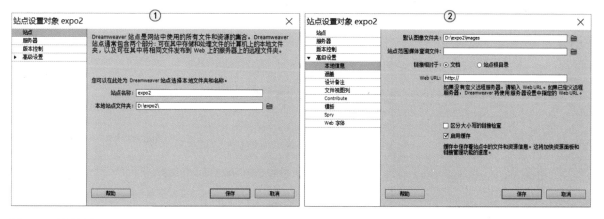

图 4-69　新建站点

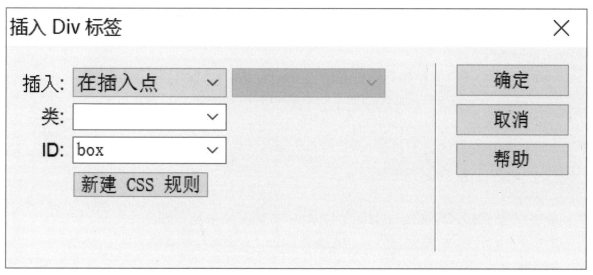

图 4-70　插入 box 层

STEP2: 在插入栏的"常用"选项卡中单击"插入 DIV 标签"按钮,在弹出的对话框中设置参数如图 4-70 所示。

STEP3: 单击"确定"按钮,软件会自动插入 HTML 代码,如图 4-71 所示。

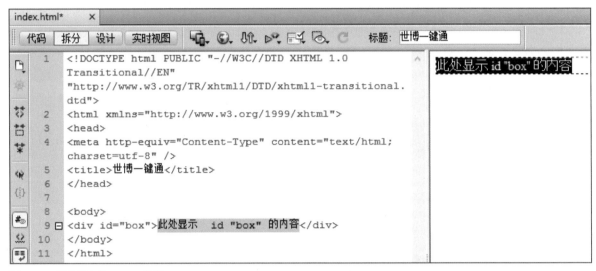

图 4-71 自动插入的 HTML 代码

STEP4: 重复插入 DIV 标签,在弹出的对话框中设置参数,如图 4-72 所示。

图 4-72 插入 logo 层

STEP5: 单击"确定"按钮,在 box 层内插入 logo 层,此时 body 区的 HTML 代码为:

```
<body>
<div id="box">
  <div id="logo"> 此处显示  id "logo" 的内容 </div>
此处显示  id "box" 的内容 </div>
</body>
```

STEP6: 重复插入 DIV 标签,在弹出的对话框中设置参数,如图 4-73 所示。

STEP7: 单击"确定"按钮,在 logo 层后面插入 ban 层,此时 body 区的 HTML 代码为:

```
<body>
<div id="box">
```

```
  <div id="logo"> 此处显示  id "logo" 的内容 </div>
  <div id="ban"> 此处显示  id "ban" 的内容 </div>
此处显示  id "box" 的内容 </div>
</body>
```

STEP8: 重复插入 DIV 标签, 在 ban 层后插入 main 层, 在 main 层内插入 tra 层、stay 层、walk 层、roll 层、food 层、buy 层和 joy 层。此时 body 区的 HTML 代码为:

```
<body>
<div id="box">
  <div id="logo"> 此处显示  id "logo" 的内容 </div>
  <div id="ban"> 此处显示  id "ban" 的内容 </div>
  <div id="main">
    <div id="tra"> 此处显示  id "tra" 的内容 </div>
    <div id="stay"> 此处显示  id "stay" 的内容 </div>
    <div id="walk"> 此处显示  id "walk" 的内容 </div>
    <div id="roll"> 此处显示  id "roll" 的内容 </div>
    <div id="food"> 此处显示  id "food" 的内容 </div>
    <div id="buy"> 此处显示  id "buy" 的内容 </div>
    <div id="joy"> 此处显示  id "joy" 的内容 </div>
  此处显示  id "main" 的内容 </div>
此处显示  id "box" 的内容 </div>
</body>
```

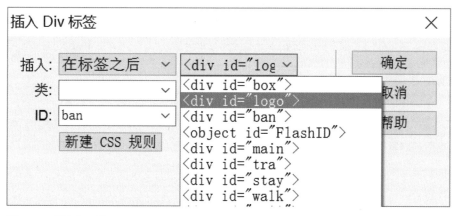

图 4-73　插入 ban 层

STEP9: 重复插入 DIV 标签, 在弹出的对话框中设置参数, 如图 4-74 所示。

STEP10: 单击"确定"按钮, 在 main 层后面插入 right 层, 此时 body 区的 HTML 代码为:

```
<body>
<div id="box">
```

```
<div id="logo"> 此处显示  id "logo" 的内容 </div>
<div id="ban"> 此处显示  id "ban" 的内容 </div>
<div id="main">
  <div id="tra"> 此处显示  id "tra" 的内容 </div>
  <div id="stay"> 此处显示  id "stay" 的内容 </div>
  <div id="walk"> 此处显示  id "walk" 的内容 </div>
  <div id="roll"> 此处显示  id "roll" 的内容 </div>
  <div id="food"> 此处显示  id "food" 的内容 </div>
  <div id="buy"> 此处显示  id "buy" 的内容 </div>
  <div id="joy"> 此处显示  id "joy" 的内容 </div>
  此处显示  id "main" 的内容 </div>
<div id="right"> 此处显示  id "right" 的内容 </div>
此处显示  id "box" 的内容 </div>
</body>
```

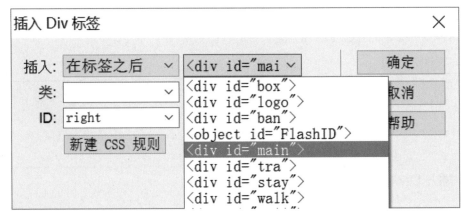

图 4-74　插入 right 层

STEP11：重复插入 DIV 标签，在 right 层内插入 route 层、tool 层和 map 层。继续在 right 层后面插入 footer 层，删除自动插入的文字"此处显示 id "main" 的内容"、"此处显示 id "right" 的内容"和"此处显示 id "box" 的内容"，到这里页面 DIV 框架搭建完成，body 区的 HTML 代码如下：

```
<body>
<div id="box">
  <div id="logo"> 此处显示  id "logo" 的内容 </div>
  <div id="ban"> 此处显示  id "ban" 的内容 </div>
  <div id="main">
    <div id="tra"> 此处显示  id "tra" 的内容 </div>
    <div id="stay"> 此处显示  id "stay" 的内容 </div>
    <div id="walk"> 此处显示  id "walk" 的内容 </div>
```

```
    <div id="roll"> 此处显示  id "roll" 的内容 </div>
    <div id="food"> 此处显示  id "food" 的内容 </div>
    <div id="buy"> 此处显示  id "buy" 的内容 </div>
    <div id="joy"> 此处显示  id "joy" 的内容 </div>
    </div>
  <div id="right">
    <div id="route"> 此处显示  id "route" 的内容 </div>
    <div id="tool"> 此处显示  id "tool" 的内容 </div>
    <div id="map"> 此处显示  id "map" 的内容 </div>
    </div>
    <div id="footer"> 此处显示  id "footer" 的内容 </div>
</div>
</body>
```

3. 设置 CSS 样式

（1）设置基本样式

STEP12：在"CSS 样式"面板上单击右下角的"新建 CSS 规则"按钮，设置参数，如图 4-75 所示。此时文件"style.css"里的内容为：

```
* {
margin: 0px;
padding: 0px;
border-top-width: 0px;
border-right-width: 0px;
border-bottom-width: 0px;
border-left-width: 0px;
color: #000;
}
```

这里定义的是通用属性，把页面所有标签的 margin、padding 和 border 属性全部定义为"0"、前景色设为"#000"。样式表遵循"就近"原则，有些标签的属性不是这里定义的大小也没关系，只要在需要的时候再定义即可。

STEP13：继续新建 CSS 规则，步骤，如图 4-76 所示。

相应的 CSS 代码如下：

```
a:link {
    text-decoration: none;
}
a:visited {
    color: #666;
```

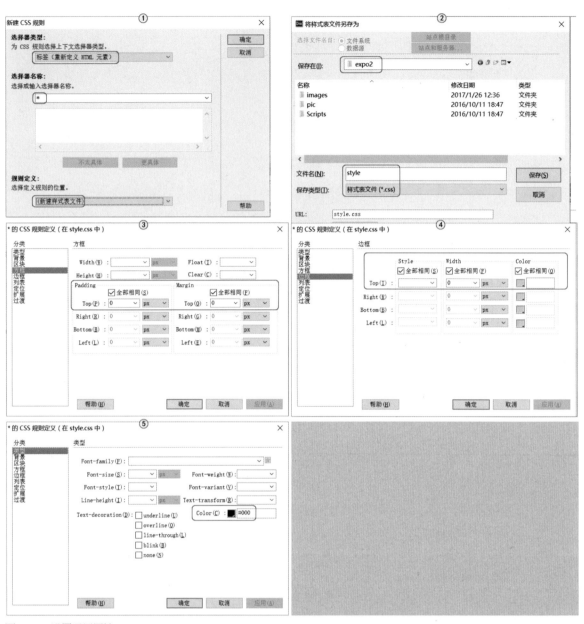

图 4-75　设置通用属性

```
        text-decoration: none;
    }
    a:hover {
        color: #0066cc;
        text-decoration: none;
    }
```

这里定义了链接的 link、visited、hover 三种状态的样式，其中 link 状态颜色沿用通用属性里设置的颜色，因此不需再次定义。

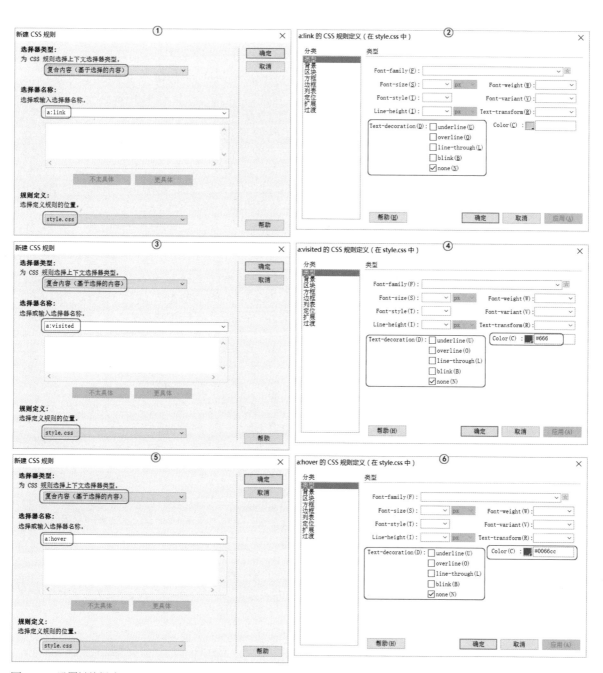

图 4-76 设置链接样式

(2) 设置 body 样式

STEP14: 继续新建 CSS 规则, 步骤, 如图 4-77 所示。

相应的 CSS 代码如下:

```
body {
font-family: " 宋体 ";
font-size: 12px;
line-height: 150%;
background-image: url(images/bj.jpg);
background-repeat: repeat;
text-align: center;
}
```

这里定义了页面的字体、字号、行高、背景图像以及背景图重复属性。

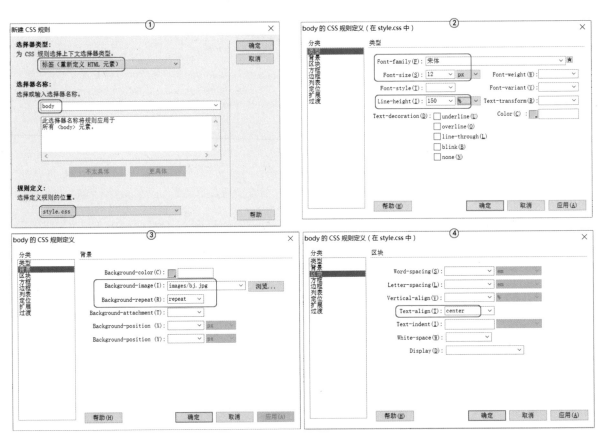

图 4-77　设置 body 样式

(3) 设置 box 层样式

STEP15: 继续新建 CSS 规则, 步骤, 如图 4-78 所示。

相应的 CSS 代码如下：

```
#box {
    background-color: #FFF;
    width: 1004px;
    margin-right: auto;
    margin-left: auto;
}
```

作为定位层，box 层定义了白色底色、宽度以及整体居中的效果，保存文件，按 F12 在浏览器里查看效果，如图 4-79 所示。

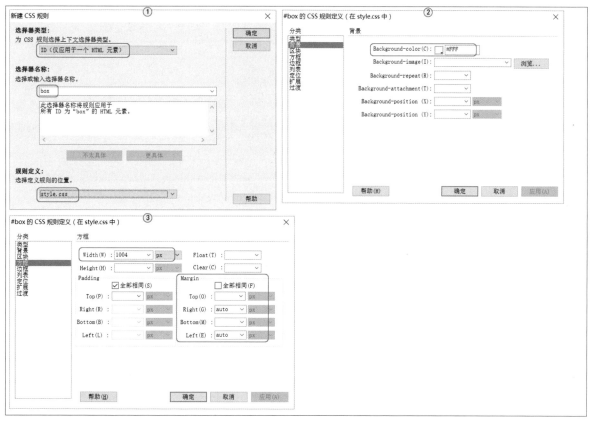

图 4-78　设置 box 层样式

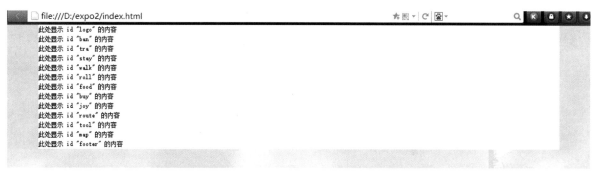

图 4-79　页面背景效果

（4）制作 logo 层

STEP16：插入 logo 层内容。删除"此处显示 id "logo" 的内容"，输入文字"南通旅游信息网"，选中文字，在"属性"面板设置"格式"和"链接"，如图 4-80 所示。自动生成代码如下：

图 4-80　插入 logo 层内容

```
<p><a href="#"> 南通旅游信息网 </a></p>
```

按 Enter 键，输入文字"繁体版"，然后单击"属性"面板中的"项目列表" ⋮≣ 按钮。按 Enter 键，分别输入其他两个版本文字。选中三项版本文字，在"属性"面板的"链接"文本框中输入"#"符号，创建空链接。logo 层内容制作完毕，此时生成代码如下：

```
<ul>
  <li><a href="#"> 繁体版 </a></li>
  <li><a href="#">ENGLISH</a></li>
  <li><a href="#"> 日本语 </a></li>
</ul>
```

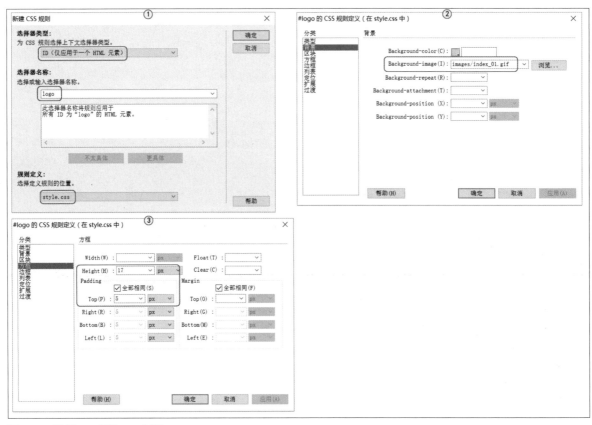

图 4-81　设置 logo 层的 CSS 规则

STEP17：定义 logo 层 CSS 规则。首先定义 logo 层样式，步骤，如图 4-81 所示。

相应的 CSS 代码如下：

```
#logo {
    background-image: url(images/index_01.gif);
    padding: 5px;
    height: 17px;
}
```

图 4-82　设置 logo 层 p 的 CSS 规则

图 4-83　设置 logo 层 ul 的 CSS 规则

这里定义了 logo 层的背景图像，使用 padding 属性设置了层内文本与层边界之间的距离，logo 层的宽度会继承其父层 box 里的定义，因此这里只需定义 logo 层的高度。logo 层内的网站名称和版本信息应是左右排列，可以使用 float 属性进行样式定义，步骤，如图 4-82、图 4-83 所示。相应的 CSS 代码如下：

```
#logo p {
    float: left;
}
#logo ul {
    float: right;
```

```
        list-style-type: none;

    }
```

最后对无序列表的列表项样式进行定义，步骤，如图 4-84 所示。相应的 CSS 代码如下：

```
#logo ul li {

    display:inline;

    background-image: url(images/index_04.gif);

    background-repeat: no-repeat;

    background-position: left center;

    padding-left: 8px;

  margin-left:15px;

    }
```

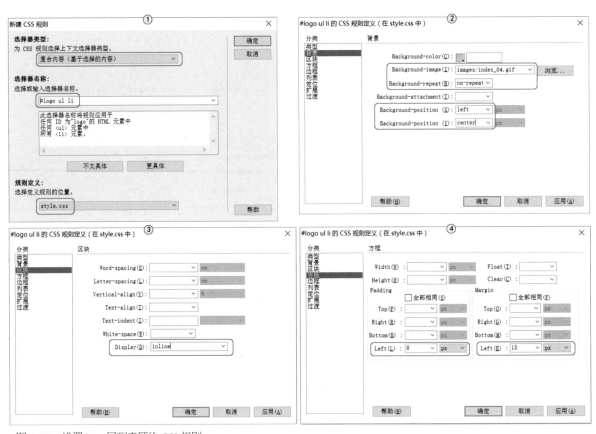

图 4-84   设置 logo 层列表项的 CSS 规则

<li> 本来是块状元素，这里通过"display:inline;"把 li 转换成内联元素显示。内联元素不会换行，从而把版本信息的显示改成了横向排列。版本信息前的蓝色小圆点图片以背景图像的方式添加。通过设定 padding-left 属性使版本文字位于圆点之后，margin-left 属性设定了三条列表项之间的间隔大小。保存文件，按 F12 在浏览器里查看效果，如图 4-85 所示。

STEP18：添加 ban 层的内容。在 HTML 文档的代码视图删除"此处显示 id "ban" 的内容"，插入

"banner.swf" 文件，步骤，如图 4-86 所示。

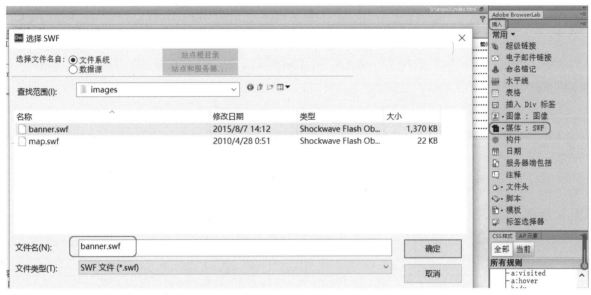

图 4-85 logo 层效果

图 4-86 插入 banner 动画

（5）制作 main 层

STEP19：设置 main 层 CSS 规则。main 层和 right 层为左右横向排列，因此需要定义 main 层的 float 属性。另外通过对 margin 属性的定义，实现页面左侧页边距和 main 层与 ban、right、footer 层之间的间距，步骤，如图 4-87 所示。相应的 CSS 代码如下：

```
#main {
float: left;
width: 746px;
margin: 5px;
    }
```

STEP20：插入 tra 层内容。首先观察效果图分析内容结构。main 层里包含 7 个栏目，除滚动图片外，其他 6 个栏目的结构都类似。这 6 个栏目每个都可以分为标题和内容列表两大部分，另外每个栏目下半部分的推荐信息有特别的样式，这部分可以作为一个列表嵌套在内容列表项里。

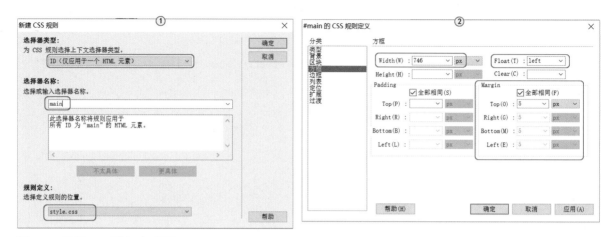

图 4-87　设置 main 层的 CSS 规则

删除"此处显示 id "tra" 的内容"，输入文字"游遍通城"，在"属性"面板设置"格式"为"标题 1"。自动生成代码如下：

```
<h1> 游遍通城 </h1>
```

下面的栏目具体内容都放在一个有序列表里，切换到代码视图，在"<h1> 游遍通城 </h1>"后输入以下代码：

```
    <ol>
    <li ><img src="images/index_18.gif" width="62" height="62" /></li>
    <li ><img src="images/index_20.gif" width="62" height="62" /></li>
    <li><img src="images/index_22.gif" width="62" height="62" /></li>
    <li ><a href="#"> 一日游 </a>| <a href="#"> 二日游 </a>|<a href="#"> 三
日游 </a>|<a href="#"> 四日游 </a><br />
      <a href="#"> 海滨游 </a>| <a href="#"> 生态游 </a>| <a href="#"> 文化
游 </a>| <a href="#"> 登高游 </a></li>
    <li><h2> 景点精选 </h2></li>
    <li>
    <ul>
    <li><a href="#"> 狼山 </a></li>
    <li><a href="#"> 濠河 </a></li>
    <li><a href="#"> 南通博物苑 </a></li>
    <li><a href="#"> 张謇文化旅游 </a></li>
    <li><a href="#"> 沿江渔村 </a></li>
    <li><a href="#"> 中洋生态观光 </a></li>
    <li><a href="#"> 南通珠算博物馆 </a></li>
```

```
        </ul>

        </li>

    </ol>
```

保存文件，按 F12 在浏览器里查看效果，如图 4-88 所示。

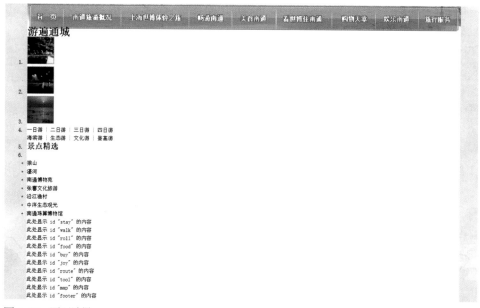

图 4-88　页面效果

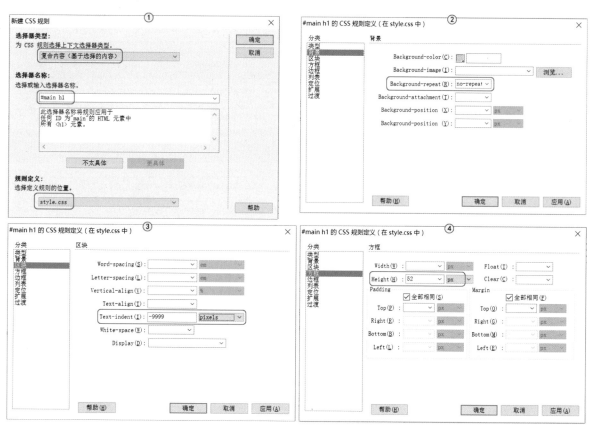

图 4-89　设置 main 层 h1 的 CSS 规则

STEP21: 设置main层内6个栏目共同的元素样式。由于main层里的"游""住""行""食""购""娱"6个栏目结构类似，我们可以先对共同的元素样式进行定义，然后再分别定义每个栏目不同的部分，这样能够使代码更简洁。

下面首先对栏目标题部分定义样式，步骤，如图4-89所示。相应的CSS代码如下：

```
#main h1{
    background-repeat:no-repeat;
    text-indent:-9999px;
    height:52px;
}
```

栏目标题图片通过背景图像属性定义，每个栏目标题背景图像的url不同，因此留待后面分别定义，这里先定义背景图像不重复；巨大的文本缩进量使html代码中标题标签里的文本在浏览器窗口中不显示；最后定义了h1的高度。

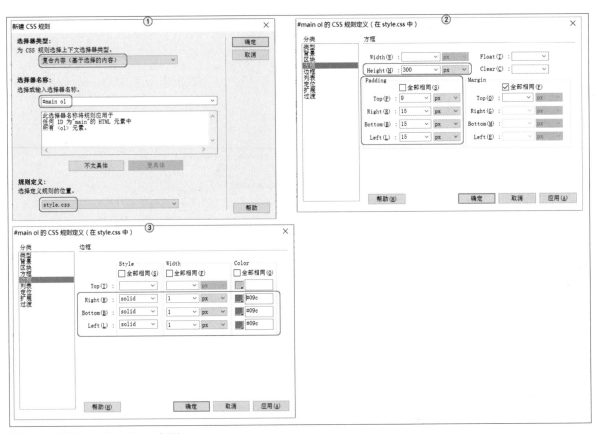

图4-90　设置main层ol的CSS规则

6个栏目的具体内容都是放在一个有序列表里，下面定义有序列表的样式，步骤，如图4-90所示。相应的CSS代码如下：

```
#main ol {
    height: 300px;
```

```
            padding-top: 9px;
            padding-right: 15px;
            padding-bottom: 15px;
            padding-left: 15px;
            border-right-width: 1px;
            border-bottom-width: 1px;
            border-left-width: 1px;
            border-right-style: solid;
            border-bottom-style: solid;
            border-left-style: solid;
            border-right-color: #09c;
            border-bottom-color: #09c;
            border-left-color: #09c;
        }
```

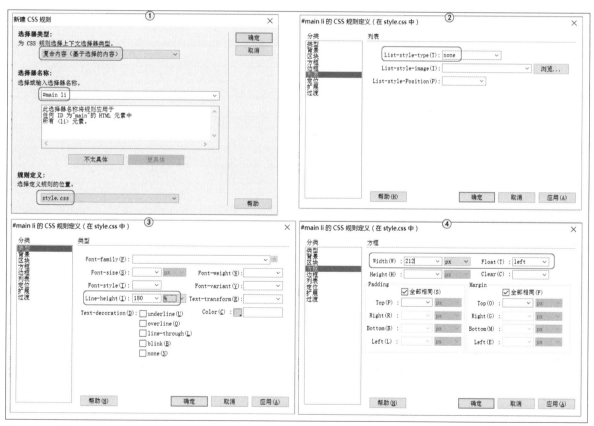

图 4-91 设置 main 层 li 的 CSS 规则

这里定义了栏目内容的高度，使用 padding 属性实现栏目内容的边距以及栏目内容与栏目标题之间的距离，同时添加了右、下、左的边框。

"游""住""行""食""购""娱"这6个栏目的下半部都是相应的推荐信息，是以无序列表的形式嵌套在栏目内容的有序列表里的。下面定义列表项的样式，包括有序列表项和无序列表项，步骤，如图4-91所示。相应的CSS代码如下：

```
#main li{
    list-style:none;
    line-height:180%;
    float:left;
    width:212px;
    }
```

这里取消了所有列表项前面的标记，设定了每个列表项之间的行高、宽度以及浮动属性。

图4-92 栏目推荐图片格式

仔细观察6个栏目的具体内容，"行""食""购"三个栏目标题下的图片带有标题文字和虚线，而"游遍通城"栏目只有图片，如图4-92所示。首先定义"行""食""购"三个栏目标题下的图片样式，"游遍通城"栏目的特殊样式后面再定义。在设计视图选中"游遍通城"栏目中的第一幅图片，切换到代码视图，在其所在的<li>起始标签中加入代码"class="photo""，使用同样的方法为第二、第三幅图加入代码，完成后的代码如下：

```
<li class="photo"><img src="images/index_18.gif" width="62" height="62" /></li>
<li class="photo"><img src="images/index_20.gif" width="62" height="62" /></li>
<li class="photo photo_right"><img src="images/index_22.gif" width="62" height="62" /></li>
```

下面定义图片样式，步骤，如图4-93、图4-94所示。相应的CSS代码如下：

```
#main .photo{
    width:62px;
    padding-right:12px;
    border-bottom-width: 1px;
    border-bottom-style: dashed;
    border-bottom-color: #000;
    }
#main .photo_right{
    padding-right:0;
    }
```

栏目标题下的三幅图是放在引用了.photo样式的有序列表项里，根据就近原则，这三个列表项的宽度被重新定义为 62px 而不是前面 #main li 里定义的 212px，同时可以继承 #main li 里定义的左浮动，因此图片将并排显示。使用 padding-right 属性实现图片之间的间隔，第三幅图右侧没有间隔，因此需定义一个特殊的 .photo_right 样式。

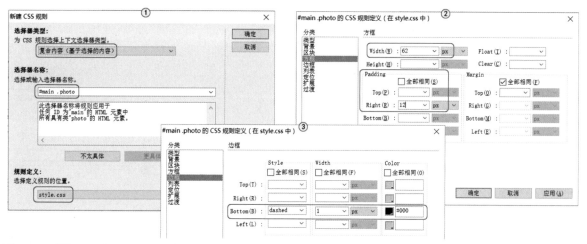

图 4-93　设置 main 层 .photo 的 CSS 规则

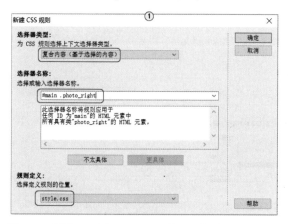 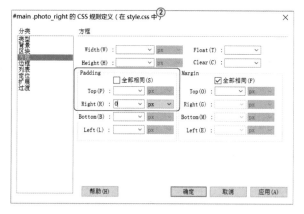

图 4-94　设置 main 层 .photo_right 的 CSS 规则

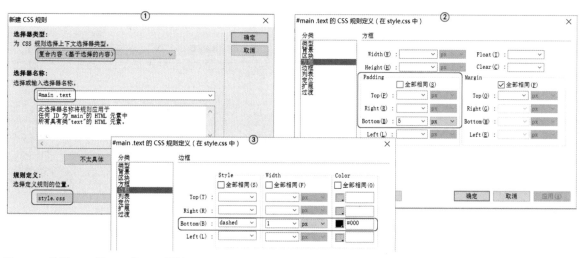

图 4-95　设置 main 层 .text 的 CSS 规则

在设计视图中"一日游"文字上单击，切换到代码视图，在"一日游"所在的 <li> 起始标签中加入代码"class="text""，为了这段文字下面的虚线效果，下面定义 .text 的样式，步骤，如图 4-95 所示。相应的 CSS 代码如下：

```
#main .text{
    padding-bottom:5px;
    border-bottom-width: 1px;
    border-bottom-style: dashed;
    border-bottom-color: #000;
    }
```

栏目中间部分的标题制作思路同前面的栏目标题 h1，步骤，如图 4-96 所示。相应的 CSS 代码如下：

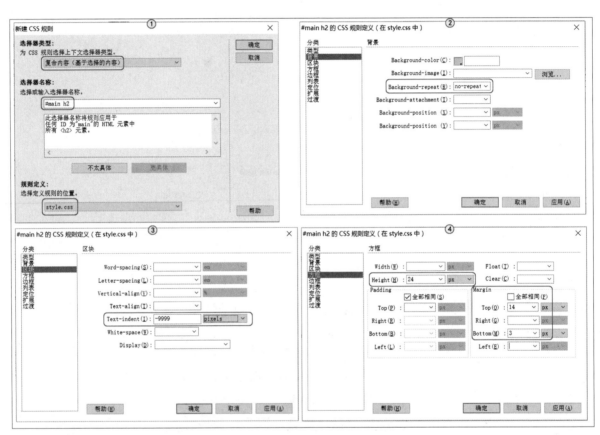

图 4-96　设置 main 层 h2 的 CSS 规则

```
#main h2{
    background-repeat:no-repeat;
    text-indent:-9999px;
    height:24px;
    margin-top:14px;
    margin-bottom:3px;
    }
```

前面我们定义了 main 层内所有列表项的共有样式，为了实现栏目下半部无序列表项的特殊效果，下面定义 #main ul li 的样式，步骤，如图 4-97 所示。相应的 CSS 代码如下：

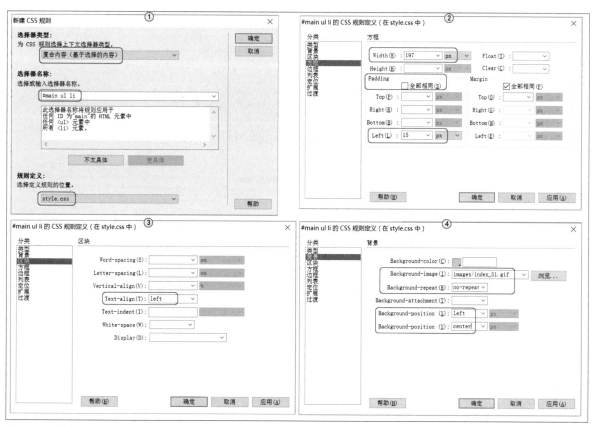

图 4-97　设置 main 层无序列表项的 CSS 规则

```
#main ul li{
    width:197px;
    padding-left:15px;
    text-align:left;
background-image:url(images/index_51.gif);
    background-repeat:no-repeat;
    background-position:left center;
    }
```

前面定义了 body 里的文本居中对齐，这里重新定义为居左，根据就近原则 main 层里无序列表的文本显示为居左对齐。列表项左侧设一定的 padding 量以显示出背景图（黄色菱形）。

STEP22：设置"游遍通城"栏目（tra 层）的特别样式，步骤，如图 4-98、图 4-99 所示。

相应的 CSS 代码如下：

```
#tra{
    float:left;
```

```
        width:242px;
        margin-right:10px;
        margin-bottom:5px;
        }
    #tra h1{
        background-image:url(images/index_08.gif);
        }
```

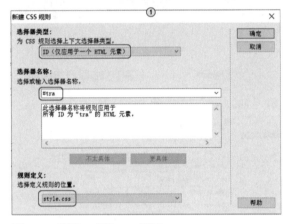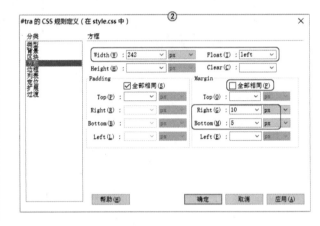

图 4-98　设置 tra 层的 CSS 规则

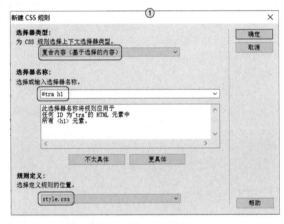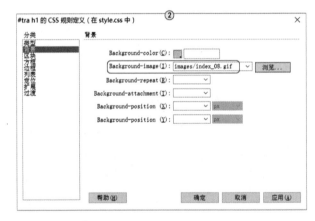

图 4-99　设置 tra 层内 h1 的 CSS 规则

　　这里设置"游遍通城"栏目左浮动，以实现与后面栏目并排显示，同时使用 margin 属性定义与其他栏目之间的间距。通过对 #tra h1 的样式定义显示 tra 层标题图片，tra 层 h1 的其他属性继承前面 #main h1 中的样式。

　　与其他栏目不同，tra 层栏目标题下的图片没有虚线，需要特别设置。在设计视图选中图片，切换到代码窗口，找到其所在的 <li> 起始标签中的"class="photo""，在"photo"后输入一个空格，再输入"photo2"，使用同样的方法为第二、第三幅图加入代码，完成后的代码如下：

```
<li class="photo photo2"><img src="images/index_18.gif" width="62" height="62" /></li>
<li class="photo photo2"><img src="images/index_20.gif" width="62" height="62" /></li>
<li class="photo photo2 photo_right"><img src="images/index_22.gif" width="62" height="62" /></li>
<li class="text"><a href="#"> 一日游 </a>| <a href="#"> 二日游 </a>|<a href="#"> 三日游 </a>|<a href="#"> 四日游 </a><br />
        <a href="#"> 海 滨 游 </a>| <a href="#"> 生 态 游 </a>| <a href="#"> 文 化 游 </a>| <a href="#"> 登高游 </a></li>
```

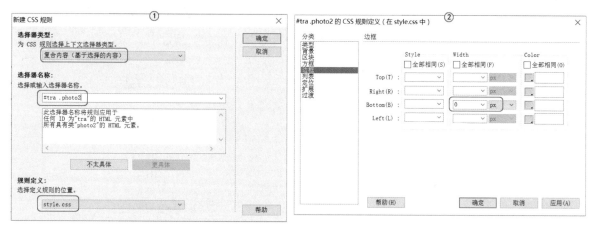

图 4-100 设置 tra 层 .photo2 的 CSS 规则

下面取消虚线边框，步骤，如图 4-100 所示。相应的 CSS 代码如下：

```
#tra .photo2 {
    border-bottom-width: 0px;
}
```

用前面同样的方法设置栏目中间标题图像的显示，相应的 CSS 代码如下：

```
#tra h2{
    background-image:url(images/index_45.gif);
}
```

tra 层样式设置完毕，保存文件，按 F12 在浏览器里查看效果，如图 4-101 所示。

STEP23：插入 stay 层内容，代码如下：

```
<div id="stay">
 <h1>住宿推荐 </h1>
 <ol>
  <li class="text"><a href="#"> 南通市 </a> | <a href="#"> 海门市 </a> | <a href="#"> 启东市 </a><br />
        <a href="#"> 如皋市 </a> | <a href="#"> 如东县 </a> | <a
```

```
href="#"> 海安县 </a></li>
        <li class="text"><a href="#"> 五星级 </a> | <a href="#"> 四星级
</a> | <a href="#"> 三星级 </a><br />
        <a href="#"> 二星级 </a> | <a href="#"> 经济酒店 </a>  &nb
sp;  </li>
        <li>
        <h2> 酒店推荐 </h2>
        </li>
        <li>
        <ul>
        <li><a href="#"> 南通天南大酒 </a></li>
        <li><a href="#"> 海缘商务宾馆 </a></li>
        <li><a href="#"> 银座花园酒店 </a></li>
        <li><a href="#"> 三德大酒店 </a></li>
        <li><a href="#"> 文景国际大酒 </a></li>
        <li><a href="#"> 北辰大酒店 </a></li>
        <li><a href="#"> 南通万濠酒店 </a></li>
        </ul>
        </li>
        </ol></div>
```

图 4-101　tra 层效果

STEP24：设置 "住宿推荐" 栏目（stay 层）的特别样式，操作步骤参考 STEP22。相应的 CSS 代码如下：

```
#stay{
    float:left;
    width:242px;
    margin-bottom:5px;
    }
#stay h1{
    background-image:url(images/index_10.gif);
    }
#stay h2{
    background-image:url(images/index_40.gif);
}
```

观察效果图发现 "住宿推荐" 栏目第一条虚线下面的间距比较大，需要重新定义。在设计视图中单击文本 "南通市"，切换到代码窗口，找到其所在的 <li> 起始标签中的 "class="text""，在

图 4-102　stay 层效果

"text"后输入一个空格，再输入"text2"。设置 .text2 的样式，生成代码如下：

```
#stay .text2{
    margin-bottom:13px;
}
```

stay 层样式设置完毕，保存文件，按 F12 在浏览器里查看效果，如图 4-102 所示。

STEP25：插入 walk 层内容，代码如下：

```
<div id="walk">
    <h1> 行路有方 </h1>
    <ol>
        <li class="photo"><img src="images/index_25.gif" width="62" height="62" /><a href="#"> 长途客运 </a></li>
        <li class="photo"><img src="images/index_27.gif" width="62" height="62" /><a href="#"> 兴东机场 </a></li>
        <li class="photo photo_right"><img src="images/index_29.gif" width="62" height="62" /><a href="#"> 南通火车站 </a></li>
        <li>
        <h2> 旅行服务 </h2>
        </li>
        <li >
        <a href="#"> 市内交通 </a> | <a href="#"> 汽车时刻 </a> | <a href="#"> 火车时刻 </a><br />
        <a href="#"> 飞机航班 </a> | <a href="#"> 公交查询 </a> | <a href="#"> 高速公路 </a><br />
        <a href="#"> 违章查询 </a> | <a href="#"> 天气预报 </a> | <a href="#"> 环境质量 </a> </li>
        <li><img src="images/jpyd.gif" width="212" height="89" /></li>
    </ol>
</div>
```

STEP26：设置"行路有方"栏目（walk 层）的特别样式，操作步骤参考 STEP22。相应的 CSS 代码如下：

```
#walk{
    float:right;
    clear:right;
    width:242px;
    margin-bottom:5px;}
#walk h1{
```

```
        background-image:url(images/index_12.gif);
    }
#walk h2{
        background-image:url(images/index_37.gif);
}
```

观察效果图发现"行路有方"栏目底部的 GIF 动画与上面的文本之间间距比较大，需要重新定义。在设计视图中单击文本"市内交通"，切换到代码窗口，找到其所在的 <li> 起始标签中插入代码"class="walk_text""。设置 .walk_text 的样式，生成代码如下：

```
.walk_text{
        padding-bottom:19px;
}
```

walk 层样式设置完毕，保存文件，按 F12 在浏览器里查看效果，如图 4-103 所示。

图 4-103　walk 层效果

STEP27：在代码视图删除文字"此处显示 id "roll" 的内容"，并输入如下代码：

```
<iframe src="roll.html" width="100%" marginwidth="0" height="175" marginheight="0" scrolling="no" frameborder="0" > </iframe>
```

STEP28：为滚动图片（roll 层）添加边框，步骤，如图 4-104 所示。生成代码如下：

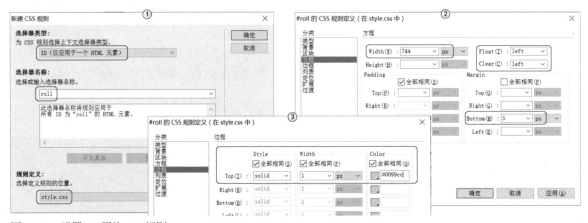

图 4-104　设置 roll 层的 CSS 规则

```
#roll{
    float:left;
    clear:left;
    width:744px;
    border:1px solid #0099cc;
    margin-bottom:5px;
}
```

roll 层制作完毕，保存文件，按 F12 在浏览器里查看效果，如图 4-105 所示。

图 4-105　roll 层效果

STEP29：插入 food 层内容，代码如下：

```html
<div id="food">
    <h1> 食在南通 </h1>
    <ol>
        <li class="photo"><img src="images/index_77.gif" width="62" height="62" /><a href="#"> 蚬子 </a></li>
        <li class="photo"><img src="images/index_79.gif" width="62" height="62" /><a href="#"> 狼山鸡 </a></li>
        <li class="photo photo_right"><img src="images/index_81.gif" width="62" height="62" /><a href="#"> 如皋萝卜皮 </a></li>
        <li>
        <h2> 名食推荐 </h2>
        </li>
        <li>
        <ul>
        <li><a href="#"> 江海名菜 </a></li>
        <li><a href="#"> 江鲜 </a></li>
```

```
            <li><a href="#"> 河鲜 </a></li>

            <li><a href="#"> 海鲜 </a></li>

            <li><a href="#"> 土菜 </a></li>

            <li><a href="#"> 地方小吃 </a></li>

            <li><a href="#"> 地方特产 </a></li>

            <li><a href="#"> 特色美食街 </a></li>

          </ul>

        </li>

      </ol>

    </div>
```

STEP30: 设置 "食在南通" 栏目（food 层）的特别样式，操作步骤参考 STEP22。相应的 CSS 代码如下：

```
#food{
    float:left;
    clear:left;
    width:242px;
    margin-right:10px;
    }
#food h1{
    background-image:url(images/index_62.gif);
}
#food h2{
    background-image:url(images/index_109.gif);
}
```

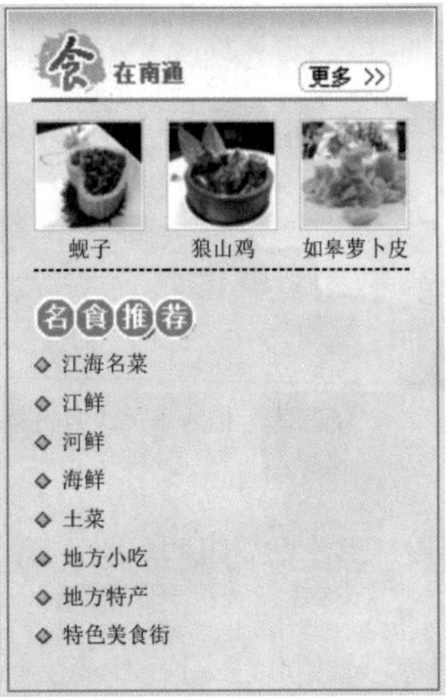

food 层制作完毕，保存文件，按 F12 在浏览器里查看效果，如图 4-106 所示。

图 4-106 food 层效果

STEP31: 插入 buy 层内容，代码如下：

```
<div id="buy">
    <h1> 购物天堂 </h1>
    <ol>
        <li class="photo"><img src="images/index_84.gif" width="62" height="62" /><a href="#"> 中南城 </a></li>
        <li class="photo"><img src="images/index_86.gif" width="62" height="62" /><a href="#"> 金鹰国际 </a></li>
        <li class="photo photo_right"><img src="images/index_88.gif" width="62" height="62" /><a href="#"> 文峰大世界 </a></li>
```

```
<li ><h2 > 商场 </h2></li>
<li ><h2 > 超市 </h2></li>
<li>
<ul>
  <li ><a href="#"> 中南城 </a></li>
  <li ><a href="#"> 麦德龙超市 </a></li>
  <li ><a href="#"> 文峰大世界 </a></li>
  <li ><a href="#"> 家乐福 </a></li>
  <li ><a href="#"> 圆融广场 </a></li>
  <li ><a href="#"> 乐天玛特 </a></li>
  <li ><a href="#"> 金鹰国际 </a></li>
  <li ><a href="#"> 农工商 </a></li>
  <li ><a href="#"> 南通八佰伴 </a></li>
  <li ><a href="#"> 新一佳 </a></li>
  <li ><a href="#"> 侨鸿国际 </a></li>
  <li ><a href="#"> 易初莲花 </a></li>
  <li ><a href="#"> 亚萍国际 </a></li>
  <li ><a href="#"> 苏果超市 </a></li>
  <li ><a href="#"> 奥特莱斯 </a></li>
  <li ><a href="#"> 文峰千家惠 </a></li>
</ul>
 </li>
</ol>
</div>
```

STEP32：设置 "购物天堂" 栏目（buy 层）的特别样式，操作步骤参考 STEP22。相应的 CSS 代码如下：

```
#buy{
    float:left;
    width:242px;
    margin-right:10px;
    }
#buy h1{
    background-image:url(images/index_63.gif);
}
```

观察效果图发现在"购物天堂"栏目中，中间部分有两个标题，因此标题所在的列表项宽度需要重新定义，同时两个标题的图像也需要区分。在代码视图找到两个 h2 元素，分别在其所在的 <li> 起始标签中加入代码

"class="buy_h2""，然后在第一个 h2 元素的起始标签中加入代码 "class="h2_left""，第二个 h2 元素的起始标签中加入代码 "class="h2_right""，完成后的代码如下：

```
<li class="buy_h2"><h2 class="h2_left"> 商场 </h2></li>
<li class="buy_h2"><h2 class="h2_right"> 超市 </h2></li>
```

图 4-107　设置 buy 层 .buy_h2 的 CSS 规则

图 4-108　设置 .h2_left 的 CSS 规则

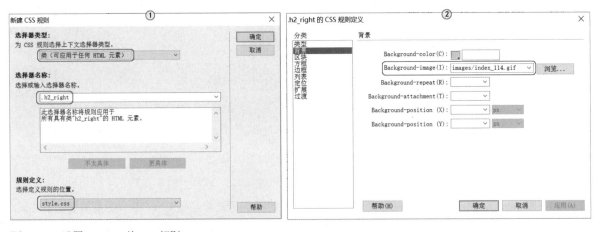

图 4-109　设置 .h2_right 的 CSS 规则

下面定义样式，步骤，如图 4-107 至图 4-109 所示。生成的代码如下：

```
#buy .buy_h2{

    width:100px;

}

.h2_left{

    background-image:url(images/index_111.gif);

    }

.h2_right{

    background-image:url(images/index_114.gif);

    }
```

同样的，下半部分无序列表项的宽度也需要减少，以使下一个列表项内容浮动上来并排显示。重新定

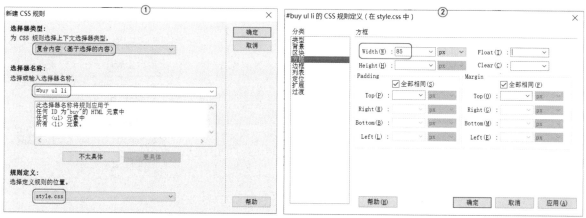

图 4-110　设置 buy 层无序列表项的 CSS 规则

义 buy 层无序列表项的宽度，步骤，如图 4-110 所示。生成的代码如下：

```
#buy ul li {

    width: 85px;

}
```

buy 层制作完毕，保存文件，按 F12 在浏览器里查看效果，如图 4-111 所示。

STEP33：插入 joy 层内容，代码如下：

```
<div id="joy">

    <h1> 娱乐休闲 </h1>

    <ol>

    <li><img src="images/index_91.gif" width="203" height="84" /></li>

    <li>

    <h2> 娱乐场所 </h2>

    </li>

    <li>
```

```
        <ul>
            <li><a href="#"> 影院剧院 </a></li>
            <li><a href="#"> 茶座酒吧 </a></li>
            <li><a href="#"> 咖啡吧 </a></li>
            <li><a href="#">KTV</a></li>
            <li><a href="#"> 演艺广场 </a></li>
            <li><a href="#"> 足浴SPA</a></li>
            <li><a href="#"> 健身场馆 </a></li>
            <li><a href="#"> 特色吧 </a></li>
        </ul>
    </li>
</ol></div>
```

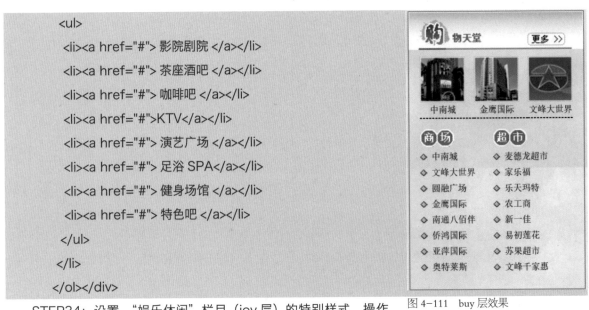

图 4-111　buy 层效果

STEP34：设置 "娱乐休闲" 栏目（joy 层）的特别样式，操作步骤参考 STEP22。相应的 CSS 代码如下：

```
#joy{
    float:right;
    clear:right;
    width:242px;}
#joy h1{
    background-image:url(images/index_64.gif);
}
#joy h2{
    background-image:url(images/index_117.gif);
}
```

joy 层制作完毕，保存文件，按 F12 在浏览器里查看效果，如图 4-112 所示。

图 4-112　joy 层效果

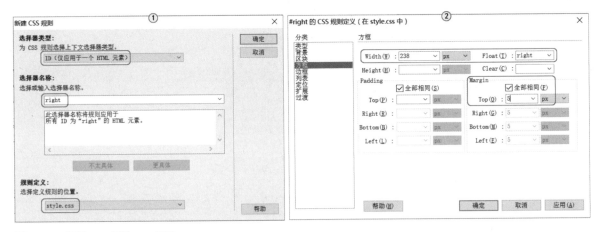

图 4-113　设置 right 层的 CSS 规则

（6）制作 right 层

STEP35：设置 right 层 CSS 规则。right 层和 main 层为左右横向排列，因此需要定义 right 层的 float 属性。另外通过对 margin 属性的定义，实现页面右侧页边距和 right 层与 ban、main、footer 层之间的间距，步骤如图 4-113 所示。相应的 CSS 代码如下：

```
#right{
    float:right;
    width:238px;
    margin:5px;
    }
```

STEP36：插入 route 层内容，首先观察效果图分析内容结构。right 层中包含三个栏目，这些栏目的结构相对比较简单，它们都分为栏目标题和栏目内容两大部分，其中"旅游百宝箱"的栏目内容略复杂点，可以放在一个无序列表里。

删除"此处显示 id "route" 的内容"，输入文字"专线旅游"，在"属性"面板设置"格式"为"标题 1"。按"Enter"换行，在插入栏的"常用"选项卡中单击 图·图像：图像 按钮插入图像"index_54. gif"，使用键盘上的"向右"方向键将光标移动到图像右侧，继续插入图片"index_56.gif"、"index_57. gif"、"index_58.gif" 和"index_59.gif"。切换到代码视图，删除图像前后的 \<p> 和 \</p> 标签。完成后代码如下：

```
<div id="route">
    <h1>专线旅游 </h1>
    <img src="images/index_54.gif" width="238" height="57" /><img src="images/
index_56.gif" width="238" height="56" /><img src="images/index_57.gif" width="238"
height="55" /><img src="images/index_58.gif" width="238" height="53" /><img src="images/
index_59.gif" width="238" height="60" />
    </div>
```

STEP37：设置 right 层内 3 个栏目共同的元素样式。步骤，如图 4-114 所示。相应的 CSS 代码如下：

```
#right h1{
    background-repeat:no-repeat;
  text-indent:-9999px;
    height:48px;
    }
```

STEP38：设置 "专线旅游"栏目（route 层）的特别样式，操作步骤参考 STEP22。相应的 CSS 代码如下：

```
#route h1{
    background-image:url(images/index_43.gif);
    }
```

route 层制作完毕，保存文件，按 F12 在浏览器里查看效果，如图 4-115 所示。

图 4-114 设置 right 层 h1 的 CSS 规则

图 4-115 route 层效果

STEP39：插入 tool 层内容，代码如下：

```
<div id="tool">
  <h1> 旅游百宝箱 </h1>
  <ul>
<li><img src="images/index_67.gif" width="71" height="71" /></li>
<li><img src="images/index_69.gif" width="71" height="71" /></li>
```

```
<li><img src="images/index_71.gif" width="71" height="71" /></li>
<li><img src="images/index_96.gif" width="71" height="71" /></li>
<li><img src="images/index_97.gif" width="71" height="71" /></li>
<li><img src="images/index_98.gif" width="71" height="71" /></li>
<li><img src="images/index_119.gif" width="71" height="71" /></li>
<li><img src="images/index_120.gif" width="71" height="71" /></li>
</ul>
</div>
```

STEP40：设置 "旅游百宝箱" 栏目（tool 层）的特别样式，操作步骤就不再赘述，相应的 CSS 代码如下：

```
#tool{
    margin-bottom:5px;
    margin-top:5px;
    }
#tool h1{
    background-image:url(images/index_61.gif);}
#tool ul{
    text-align:left;
    border-right-width: 1px;
    border-bottom-width: 1px;
    border-left-width: 1px;
    border-right-style: solid;
    border-bottom-style: solid;
    border-left-style: solid;
    border-right-color: #0099cc;
    border-bottom-color: #0099cc;
    border-left-color: #0099cc;
    padding-top:9px;
    padding-bottom:9px;
    padding-left:5px;
    }
#tool li{
    display:inline;
    list-style-type:none;
    }
```

这里通过对 tool 层 margin 属性的定义实现 "旅游百宝箱" 栏目与上下栏目之间的间距；"旅游百

宝箱"栏目除标题外的内容部分都是放在一个无序列表里的，这里通过对 tool 层里 ul 的 border 属性的定义实现栏目蓝色边框，通过 padding 属性的定义调整内容图标与栏目边框之间的间距；通过"display:inline;"属性的设置使 li 作为行内元素显示，这样 li 不再独占一行，所占宽度将按照里面所放置的 img 元素宽度分配，因此后面的图标将在一行内显示，显示不下的才转到下一行。

　　tool 层制作完毕，保存文件，按 F12 在浏览器里查看效果，如图 4-116 所示。

　　STEP41：插入 map 层内容。使用前面相同的方法插入栏目标题，生成的代码如下：

```
<div id="map">
    <h1> 景点地理导航 </h1>
    </div>
```

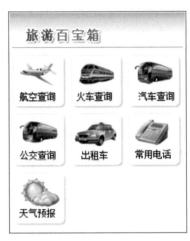

图 4-116　tool 层效果

　　下面插入层"map_flash"来放置 swf 文件，在代码视图中找到"<h1>景点地理导航</h1>"，在其关闭标签之后单击，在插入栏的"常用"选项卡中单击"插入 DIV 标签"按钮，在弹出的对话框中设置参数，如图 4-117 所示，按"确定"键插入层，此时 map 层代码如下所示：

图 4-117　插入 map_flash 层

```
<div id="map">
    <h1>景点地理导航 </h1>
    <div id="map_flash"> 此处显示  id "map_flash" 的内容 </div>
    </div>
```

　　在设计视图中删除"此处显示 id "map_flash" 的内容"，在插入栏的"常用"选项卡中单击 媒体：SWF 按钮插入"map.swf"。

　　STEP42：设置 "景点地理导航"栏目（map 层）的特别样式，操作步骤就不再赘述，相应的 CSS 代码如下：

```
#map h1{
    background-image:url(images/index_129.gif);}
#map_flash{
    border-right-width: 1px;
    border-bottom-width: 1px;
    border-left-width: 1px;
    border-right-style: solid;
    border-bottom-style: solid;
    border-left-style: solid;
    border-right-color: #0099cc;
```

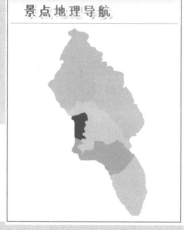

图 4-118　map 层效果

```
border-bottom-color: #0099cc;
border-left-color: #0099cc;
padding-top:5px;
padding-bottom:5px;
padding-left:8px;
}
```

map 层制作完毕，保存文件，按 F12 在浏览器里查看效果，如图 4-118 所示。

（7）制作 footer 层

STEP43：插入 footer 层内容，代码如下：

```
<div id="footer">主 办 单 位：南 通 市 旅 游 局　苏 ICP 备 11026106 号 <br /> 地址：南通市世纪大道 6 号 邮编：226018 电话：0513-85099206</div>
```

STEP44：设置 footer 层样式，操作步骤就不再赘述，相应的 CSS 代码如下：

```
#footer{
clear:both;
width:1004px;
background-image:url(images/index_127.jpg);
text-align:center;
padding-top:50px;
height:113px;
}
```

footer 层制作完毕，保存文件，按 F12 在浏览器里查看效果，如图 4-119 所示。

4. 整理 CSS

如图 4-120 所示，打开 style. css 文件，可以看到通过软件设置的 CSS 代码冗余率很高，所以有大部分代码可以进行缩写。

图 4-119　footer 层效果

首先是通配符"*"的定义，软件生成的代码如下：

```
*{
margin: 0px;
padding: 0px;
border-top-width: 0px;
border-right-width: 0px;
border-bottom-width: 0px;
```

图 4-120　查看样式文件

```
    border-left-width: 0px;
    color: #000;
    }
```

对于"border"的定义全部为"0"，可以合并成一句；同时"0px"可以简写为"0"。整理后的通配符 CSS 代码如下：

```
* {
    color: #000;
    margin: 0;
    padding: 0;
    border: 0;
}
```

可以看到整理后的代码量相差了很多，同时整理后的代码更简单易读。初次尝试整理代码可以整理一小段后，在浏览器中预览一下页面效果，如果出现错误好及时检查纠正。

接下来是对链接三种状态的定义，软件生成代码如下：

```
a:link {
    text-decoration: none;
}
a:visited {
    color: #666;
    text-decoration: none;
}
a:hover {
    color: #0066cc;
    text-decoration: none;
}
```

可以看到三种状态有一个共同属性"text-decoration: none;"那么整合起来定义一次就可以了；"hover"状态的颜色值可以缩写为"#06c"。整理后链接的 CSS 代码如下：

```
a{
    text-decoration: none;
}
a:visited {
    color: #666;
}
a:hover {
    color: #06c;
}
```

"a" 是对链接的统一定义，而它的 4 个伪类 "a:link"、"a:visited"、"a:hover" 和 "a:active" 将继承其样式 "text-decoration: none;"。

接下来是 "body" 的定义，软件生成代码如下：

```
body {
    font-family: " 宋体 ";
    font-size: 12px;
    line-height: 150%;
    background-image: url(images/bj.jpg);
    background-repeat: repeat;
    text-align: center;
}
```

字体 "font-family"、字号 "font-size" 可以合并到 "font"，背景图像 "background-image"、背景重复 "background-repeat" 可以合并到 "background"。整理后的代码如下：

```
body {
    font:12px " 宋体 ",sans-serif;
    line-height: 150%;
    background: url(images/bj.jpg) repeat;
    text-align: center;
}
```

接下来是 box 层的定义，软件生成代码如下：

```
#box {
    background-color: #FFF;
    width: 1004px;
    margin-right: auto;
    margin-left: auto;
}
```

"margin" 可以按照上右下左的顺序缩写到一行，同时上和下继承了前面通配符的定义都为 0，左和右这里都定义为 auto，"上 = 下" "左 = 右"，因此可以缩写为 2 个值。整理后的代码如下：

```
#box {
    background-color: #FFF;
    width: 1004px;
    margin:0 auto;
}
```

接下来是 logo 层无序列表的列表项样式的定义，软件生成代码如下：

```
#logo ul li {
    display:inline;
```

```
    background-image: url(images/index_04.gif);

    background-repeat: no-repeat;

    background-position: left center;

    padding-left: 8px;

  margin-left:15px;

}
```

这里"background-image"、"background-repeat"和"background-position"可以合并到"background"。整理后的代码如下：

```
#logo ul li {

    display:inline;

    background:url(images/index_04.gif) left center no-repeat;

    padding-left: 8px;

    margin-left:15px;

}
```

接下来是 main 层有序列表的样式定义，软件生成代码如下：

```
#main ol {

    height: 300px;

    padding-top: 9px;

    padding-right: 15px;

    padding-bottom: 15px;

    padding-left: 15px;

    border-right-width: 1px;

    border-bottom-width: 1px;

    border-left-width: 1px;

    border-right-style: solid;

    border-bottom-style: solid;

    border-left-style: solid;

    border-right-color: #09c;

    border-bottom-color: #09c;

    border-left-color: #09c;

}
```

这里对"padding"的四个值可以整合在一起，值得注意的是这里"右"和"左"的值相等，因此可以缩写为一个值，即按照"上、右左、下"的顺序整合。"border"三个边框的宽度、样式、颜色值都是分开写的，也可以整合到一起。整理后的代码如下：

```
    #main ol {

    height: 300px;
```

```
        padding:9px 15px 15px;

        border-bottom:1px solid #09c;

        border-left:1px solid #09c;

        border-right:1px solid #09c;

    }
```

接下来是类 .photo 和 .text 的样式定义，软件自动生成的代码如下：

```
#main .photo{

    width:62px;

    padding-right:12px;

    border-bottom-width: 1px;

    border-bottom-style: dashed;

    border-bottom-color: #000;

    }

    #main .text{

        padding-bottom:5px;

        border-bottom-width: 1px;

        border-bottom-style: dashed;

        border-bottom-color: #000;

    }
```

这里"border-bottom"的宽度、样式和颜色值可以整合到一起，整理后的代码如下：

```
#main .photo{

    width:62px;

    padding-right:12px;

    border-bottom:1px dashed #000;

    }

#main .text {

    padding-bottom: 5px;

    border-bottom:1px dashed #000;

}
```

接下来是 main 层内无序列表列表项的样式定义，软件自动生成的代码如下：

```
#main ul li{

    width:197px;

    padding-left:15px;

    text-align:left;

    background-image:url(images/index_51.gif);

    background-repeat:no-repeat;
```

```
        background-position:left center;
    }
```

这里"background-image"、"background-repeat"和"background-position"可以合并到"background"。整理后的代码如下：

```
#main ul li {
    background:url(images/index_51.gif) left center no-repeat;
    text-align: left;
    width: 197px;
    padding-left: 15px;
}
```

接下来是 tool 层和 tool 层内无序列表的样式定义，软件自动生成的代码如下：

```
#tool{
    margin-bottom:5px;
    margin-top:5px;
    }
#tool ul{
    text-align:left;
    border-right-width: 1px;
    border-bottom-width: 1px;
    border-left-width: 1px;
    border-right-style: solid;
    border-bottom-style: solid;
    border-left-style: solid;
    border-right-color: #0099cc;
    border-bottom-color: #0099cc;
    border-left-color: #0099cc;
    padding-top:9px;
    padding-bottom:9px;
    padding-left:5px;
    }
```

这里 tool 层的"margin-bottom"和"margin-top"两个值都为"5px"，可以按照"上下、右左"两个值的格式整合到"margin"；无序列表的"border"三个边框的宽度、样式、颜色值都是分开写的，也可以整合到一起；无序列表的"padding"值上下虽然相等，但是左右不等，所以要按"上、右、下、左"四个值的格式整合。整理后的代码如下：

```
#tool{
    margin:5px 0;
```

```
    }
#tool ul{
    text-align:left;
    border-bottom:1px solid #09c;
    border-left:1px solid #09c;
    border-right:1px solid #09c;
    padding:9px 0 9px 5px;
    }
```

接下来是 map 层的特别样式，软件自动生成的代码如下：

```
#map_flash{
    border-right-width: 1px;
    border-bottom-width: 1px;
    border-left-width: 1px;
    border-right-style: solid;
    border-bottom-style: solid;
    border-left-style: solid;
    border-right-color: #0099cc;
    border-bottom-color: #0099cc;
    border-left-color: #0099cc;
    padding-top:5px;
    padding-bottom:5px;
    padding-left:8px;
    }
```

同理，整合后的代码如下：

```
#map_flash{
    border-bottom:1px solid #0099cc;
    border-left:1px solid #0099cc;
    border-right:1px solid #0099cc;
    padding:5px 0 5px 8px;
    }
```

至此，CSS 文件整理完毕，代码变得清晰易读，大大缩减了文件的尺寸。同时整理的过程亦使我们更好地理解了代码，有助于实现从使用"新建 CSS 规则"面板到直接在"代码"窗口手写 CSS 代码的转变，而后者操作起来会快捷很多。

第三节 实践项目

一、习题

1. 填空题

（1）HTML 标签是成对出现的，分为_____和_____。

（2）HTML 元素属性的格式为_____。

（3）HTML 文件中，位于_____和_____

标签之间的文本就是网页内容，出现在浏览器显示窗口。

（4）锚标签的_____属性用于指定要链接到的地址。

（5）在 HTML 中，定义图像的语法是：_____。

（6）表格由_____标签来定义，表格的行由_____标签定义，

行里的单元格由_____标签定义。

（7）列表有_____、_____和_____三种。

（8）CSS 语法由三部分构成：_____、_____和

_____。

（9）CSS 中的选择器有三种类型：_____、_____和

_____。

2. 问答题

（1）为 HTML 页面创建 CSS 样式有哪三种方法？

（2）当同一个 HTML 元素被不止一个样式定义时，样式的优先权是怎样排列的？

二、项目实战

实战项目要求

按照在"项目流程二 网站界面设计与制作"的项目实战中制作好的效果图，使用 Table+CSS 或 DIV+CSS 任意一种布局方式制作出网站首页及所有一级栏目页面，同时把"项目流程三 网页动画设计制作"的项目实战中制作好的网页动画整合到页面中。要求采用外部样式表定义样式。文件请按照以下规范提交：网站根目录文件夹下设置"images"文件夹放置页面图片及动画；设置"html"文件夹放置所有 html 页面文件，其中首页以 index 命名；设置"style"文件夹放置外部样式表文件。

图书在版编目（CIP）数据

项目驱动式网页设计与制作教程/ 宋翠君，康卫东主编.—合肥：合肥工业大学出版社，2017.8
ISBN 978-7-5650-3460-2

Ⅰ.①项…　Ⅱ.①宋…②康…　Ⅲ.①网页制作工具–教材　Ⅳ.① TP393.092.2
中国版本图书馆CIP数据核字（2017）第164540号

项目驱动式网页设计与制作教程

主　　编：宋翠君　康卫东
责任编辑：袁　媛
出　　版：合肥工业大学出版社
地　　址：合肥市屯溪路193号
邮　　编：230009
网　　址：www.hfutpress.com.cn
发　　行：全国新华书店
印　　刷：安徽联众印刷有限公司
开　　本：889mm×1194mm　1/16
印　　张：13.75
字　　数：360千字
版　　次：2017年8月第1版
印　　次：2017年8月第1次印刷
标准书号：ISBN 978-7-5650-3460-2
定　　价：58.00元
发行部电话：0551-62903188